城市住宅区规划原理

周 俭 编著

同济大学出版社
TONGJI UNIVERSITY PRESS

内 容 提 要

　　本书从分析城市住宅区构成的物质及非物质要素入手，全面阐述了住宅区规划设计的基本原理和方法，内容涉及住宅区规划设计的总体原则、规划结构、居民调查、空间组织、交通组织和路网布局、设施安排、户外环境景观设计、规划指标等各个方面。本书的特点之一是引入了住宅区规划的新问题，包括生态问题、社区发展问题、文化传统问题等等；特点之二是采用"概念—理论—技术—案例分析—最新发展"的论述层次，图文并茂、简明易懂地阐述了住宅区规划原理与设计方法，既具理论性，又有实践性。

　　本书面向所有涉及城市住宅与住宅区规划的学生和教师，也适合政府管理与房地产开发机构人员参考阅读。

图书在版编目(CIP)数据

城市住宅区规划原理/周俭编著. —上海：同济大学出
版社，1999（2022.7 重印）
ISBN 978 - 7 - 5608 - 2057 - 6

Ⅰ.城...　Ⅱ.周...　Ⅲ.城市规划－居住区　Ⅳ.TU984.12

中国版本图书馆 CIP 数据核字(1999)第 22768 号

城市住宅区规划原理
周　俭　编著
责任编辑　沈　恬　　责任校对　徐春莲　　封面设计　余　蓝

出版发行　同济大学出版社　　　www.tongjipress.com.cn
　　　　　（地址：上海市四平路 1239 号　邮编：200092　电话：021-65985622）
经　　销　全国各地新华书店
印　　刷　常熟市大宏印刷有限公司
开　　本　787mm×1092mm　1/16
印　　张　13.75
印　　数　104 301-107 400
字　　数　350 000
版　　次　1999 年 5 月第 1 版　　2022 年 7 月第 27 次印刷
书　　号　ISBN 978-7-5608-2057-6

定　　价　25.00 元

目录

第一章 住宅区的意义与组成

第一节 类型、规模、分级及其相关设施------------------------------（1）
类型与规模（居住区/居住小区/居住组团/住宅街坊/住宅群落）/分级及相关设施

第二节 社区--（2）
邻里关系/邻里单位及其原则

第三节 系统--（6）
物质系统（住宅与住宅用地/道路交通设施与道路停车/公共建筑与公共服务设施/绿地
与户外活动场地）/社区系统（社区生活保障系统/社区育才与就业系统/社区交流与参
与系统/社区运营系统）/系统的整体性

第二章 住宅区规划设计的总体原则

第一节 社区发展原则--（12）
需求层次理论/适居性/识别与归属/文化与活力

第二节 生态优化原则--（19）
住宅区规划设计的生态考虑

第三节 共享社区原则--（23）
共享/公众参与

第三章 住宅区的规划结构

第一节 结构、规划结构--（30）
结构/规划结构

第二节 住宅区的规划结构--（33）
用地规模与配置/设施分级与布局（服务半径与设施分级/设施布局）/空间层次
与组合/视觉景观与形象

第四章 居民调查

第一节 调查内容--（45）
居民基本情况调查/实况调查/调查评价/意向调查

1

第二节　调查方法--（48）
　　抽样调查（随机抽样/分层随机抽样/聚类抽样/雪球抽样）/问卷调查（问卷设计/开
　　放性问题和封闭性问题）/访谈调查/观察调查
第三节　分析、描述和解释--（53）

第五章　空间

第一节　外部空间的构成要素--------------------------------------（57）
第二节　空间的限定、类型、层次和变化----------------------------（59）
　　空间的限定/空间的类型/空间的围合程度（围合空间的形成及其围合程度/街道空
　　间的比例与尺度）居住生活与空间层次的构筑/空间的变化
第三节　住宅群体组合--（80）
　　影响居民户内外居住生活的生理和物理因素（住宅日照/日照间距/住宅间距/自然
　　通风/住宅朝向/噪声防治）/住宅群体组合与住宅区景观（平面组合的基本形式/组
　　合的多样化途径）
第四节　住宅群落与公共建筑群体布局------------------------------（103）
　　开放空间与景观体系/公共建筑及其群体与住宅区景观

第六章　通路

第一节　交通方式、交通组织与路网布局----------------------------（119）
　　交通方式选择（交通方式选择的一般分析/住宅区的交通特征与类型/住宅区居民交通
　　方式的选择）/交通组织与路网布局（人车分行/人车混行与局部分行）/住宅区交
　　通与路网规划原则
第二节　道路类型、分级与宽度------------------------------------（132）
　　类型/分级、宽度与断面形式/规划设计的其他要求
第三节　通达性、景观、街道生活----------------------------------（134）
　　通达性/线形、空间比例、尺度与景观/街道生活

第七章　设施

第一节　公共服务设施--（140）
第二节　市政公用设施--（141）
　　供水系统/排水系统/供电系统/通信系统/燃气系统/冷热供应系统/环卫系
　　统/工程管线综合
第三节　停车设施--（145）
　　服务对象/服务车种/停车方式/停车设施及其布局（设施/布局）
第四节　安全设施--（152）
第五节　管理设施--（152）

第六节　户外场地设施---（152）

第八章　户外环境景观

第一节　软质景观---（158）
　　　　绿地与植物种植（绿化用地与绿地/绿地的作用与规划设计）
第二节　硬质景观---（168）
　　　　步行环境（地坪竖向/铺地/边缘/树穴/踏步与坡道/护坡/围栏/墙与屏障/环境小品）/
　　　　车行环境（路面/机动车停车场地）
第三节　水体---（192）

第九章　规划指标

第一节　功能指标---（197）
　　　　各类用地的划分（住宅区总用地/住宅建筑用地/公共服务设施用地/道路用地/停车用
　　　　地/公共绿地/其他用地）/公共服务设施配建指标（千人总指标/分类指标/配建水平
　　　　/机动车停车位配建指标）
第二节　建设强度指标---（207）
第三节　环境指标---（207）
第四节　其他指标---（208）

参考文献---（210）

第一章 住宅区的意义与组成

城市是人类集中的生活居住地域，是一种现代的人聚环境形式。在一个城市中，生活居住用地的比重一般占到城市建设总用地的40％～50％。住宅区是城市中在空间上相对独立的各种类型和各种规模的生活居住用地的统称，它包括居住区、居住小区、居住组团、住宅街坊和住宅群落等。住宅区的组成不仅仅是住宅和与其相关的通路、绿地，还包括与该住宅区居民日常生活相关的商业、服务、教育、活动、道路、场地和管理等内容，这些内容在空间分布上可能在该住宅区空间范围内，也可能位于该住宅区的空间范围之外。

住宅区同时还是一个社会学意义上的社区。它包含了居民相互间的邻里关系、价值观念和道德准则等维系个人发展和社会稳定与繁荣的内容。因此，住宅区的构成既应该考虑其物质组成的部分，也应充分关注其非物质的内容。

第一节 类型、规模、分级及其相关设施

类型与规模

居住区

居住区是一个城市中住房集中，并设有一定数量及相应规模的公共服务设施和公用设施的地区，是一个在一定地域范围内为居民提供居住、游憩和日常生活服务的社区。它由若干个居住小区或若干个居住组团组成。

规模：人口 30000～50000人，户数 10000～15000户，用地 50～100公顷。

居住小区

居住小区指由城市道路或自然界线（河流等）划分的、具有一定规模并不为城市交通干道所穿越的完整地段，小区内设有整套满足居民日常生活需要的基层服务设施和公共绿地。它由若干居住组团组成，是构成居住区的一个单位。

规模：人口 7000～15000人，户数 2000～4000户，用地 10～35公顷。

居住组团

居住组团指由若干栋住宅组合而成的，并不为小区道路穿越的地块，内设为居民服务的最基本的管理服务设施和庭院，它是构成居住小区的基本单位。

规模：人口 1000～3000人，户数 300～700户，用地 4～6公顷。

住宅街坊

住宅街坊是由城市道路或居住区道路划分，用地大小不定，无固定规模的住宅建设地块。它的规模介于居住组团和居住小区之间。服务设施一般因环境条件而异。通常沿街建有商业设施，内部建住宅和其他公共建筑。

住宅群落

住宅群落规模介于单栋住宅和居住小区之间，服务设施则因规模和环境而异，是一种适合于现有城市道路网（特别是旧城区）的住宅区形式。

居住区、居住小区和居住组团的用地规模是相对的。上面提到的用地规模主要是以一般的多层住宅区为基础来确定的，人口规模是居住区、居住小区和居住组团划分以及各类设施配套的重要依据（参见第七章"设施"），因此，高层高密度的住宅区的用地规模将分别相应地减小，低层低密度的住宅区的用地规模将分别相应地增大。

分级及相关设施

分级是居住区规划的一个重要概念。在城市居住区中，公共服务设施、道路和公共绿地与户外活动场地设置的项目、数量和规模一般均应根据居住区、居住小区和居住组团三级进行配置，其中道路的分级在有些情况下分为四级设置到住宅单元级（参见表1-1）。居住区规划的分级要求是以各类公共服务设施、道路和公共绿地与户外活动场地所使用的频率和人口规模为依据的，其中既考虑了居民使用的便利，也兼顾了设施设置和运营的经济性。

第二节 社区

社区指一定地域内人们相互间的一种亲密的社会关系（即人际关系）。德国社会学家滕尼斯(Tonnize)提出了形成社区的四个条件：有一定的社会关系，在一定地域内相对独立，有比较完善的公共服务设施，有相近的文化、价值认同感。

在以上四个条件中，社会关系指一定地域内的居民之间有相互交往与协作；公共服务设施则保证了居民有生存与生活的物质基础；文化价值认同感表现为居民相互认可的生活方式、共同认可的社会公德、相同或互不冲突的习俗和宗教信仰；一定地域内相对独立则反映了社区居民的居住生活和社会生活发生在一定的地域范围之内，但其影响的往往是整个社会。

住宅区规划（包括城市规划）从社会发展的角度来看其目标是期望形成一个良好的社区，是建构一种广义交流层次上的良好的人际关系，从物质形态构筑而言是提供一些场所。所谓"场所精神"便是一种在空间中进行的社会活动的特征。在一定的地域之内具有完善的生活服务设施和良好的服务、居民间具有良好的人际关系、社会安定是社区的基本特征，也是城市住宅区规划设计的目标之一。

良好的邻里关系是形成社区的基础，而邻里单位则是一种具有广泛影响的现代住宅区规划理论，它对现代居住区规划产生了极大的影响。

表1-1　　　　　　　　　　　　　住宅区主要设施及分级

分类	项　　目	居住区级	居住小区级	居住组团级
教育	托儿所		★	■
	幼儿园		★	★
	小学		★	
	普通中学	■	★	
医疗卫生	门诊所	★	■	
	卫生站			★
	医院（200～300床）	■		
文化体育	文化活动中心（文化馆）	★		
	文化活动站		★	■
	社区活动（服务）中心*	★	★	
	居民运动场	■		
商业服务	粮油店		★	■
	燃气站		★	
	菜市场	★	★	
	食品店	★		
	综合副食店		★	■
	24小时小型超市*		★	
	小吃部		★	★
	饭馆	★		
	小百货店		★	
	综合百货商场	★		
	大中型超市*	★		
	照相馆	■		
	服装店	■		
	日杂店	★	■	
	中西药店	★		
	理发店	★		
	浴室	■		
	洗衣店	★	■	
	书店	★	■	
	综合修理部	★	■	
	旅店	★		
金融邮电	银行	★	■	
	储蓄所		★	
	邮电局	★		
	邮政所		★	

3

续表

分类	项　　目	居住区级	居住小区级	居住组团级
行政管理	街道办事处	★		
	派出所	★		
	居（里）委会			★
	房管所	★		
	房管段		★	
	物业管理公司*	★	★	
	市政管理所	★		
	绿化、环卫管理所	★		
	工商税务所	★		
产业	街道第三产业	■	■	
户外活动场地与绿地	幼儿游戏场地			★
	儿童游戏场地		★	★
	青少年活动场地	★	★	
	老年人健身休闲场地	★	★	
	居住区公园	★		
	小区游憩绿地		★	
	住宅院落绿地（场地）			★
道路	居住区主要道路	★		
	居住小区主要道路		★	
	居住组团主要道路			★
	宅间路			★

注：1. ■为宜设置项目，★为应配建项目。

2. *项目为具有综合功能的设施，根据不同情况它可替代表中的部分单项设施。

邻里关系

邻里关系是一种以社会道德为基础，包括文化、价值观念等的社会关系，它不同于亲缘或血缘关系。

邻里关系可分为三个层次，第一层次：邻居间知姓名和家庭概况，每天碰面接触的自觉帮助型；第二层次：邻居间见面打招呼，但不一定知其姓名的愿意帮助型；第三层次：住户彼此偶尔见面但认为他或他们是属于自己社区一部分的应该帮助型。

邻里单位及其原则

20世纪30年代，美国人西萨·佩里提出了邻里单位（Neighborhood Unit）的住宅区规划理论（图1.1），它是针对城市中人口密集、房屋拥挤、居住环境恶劣、交通事故严重的状况而提出的，目的是使人们居住生活在一个花园式的住宅区内。

形成邻里单位的原则：

1. 城市交通不穿越邻里单位，内部车行、人行道路分开设置。
2. 保证充分的绿化，使各类住宅都有充分的日照、通风和庭院。
3. 设置日常生活必须的服务设施，每个邻里单位有一所小学。
4. 保持原有地形地貌和自然景色，建筑物自由布置。

邻里单位是社区的一种类型，一定意义上说邻里单位是社区的一个最小单位。邻里单位形成的基础是邻里关系，提出的原则是对居民生活需求的反映。

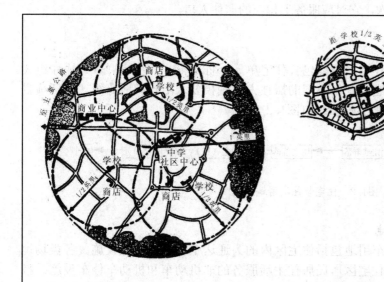

克拉伦斯·斯坦因邻里单位适当的规模和内容：

在右上角的图解中，小学位于邻里单位的中央，对单位里的所有居住者来说小学的服务半径在1/2英里(约804.7米)范围以内，一个供应日常必需品的小商店在小学校附近，大多数居住区街道建议采用死胡同、尽端路，以免除过境交通，绿地穿越邻里单位则是老的做法，左上图表示由一座中学或一到两个主要商业中心组成的三个邻里单位群，步行到达这些服务设施的距离为一英里(约1609.3米)。

邻里单位：

佩里最早提出要按邻里单位理论来建设居住区，实际上它与斯坦因的图解看上去是相似的，只是他建议从每家到社区中心的步行距离的最大半径改为1/4英里(约402.3米)，大家公认这一实践并盛行至今，商业用地坐落在道路交叉口上，要比放在邻里单位中心要好。

西萨·佩里邻里单位示意

图1.1 邻里单位结构示意

第三节　系统

物质系统

住宅区一般均由住宅用地、公共服务设施用地、道路停车用地和公共绿地四大用地以及相应的住宅、公共建筑、道路交通设施以及绿地与场地四大系统组成。这四大系统内部存在一个分级的结构层次，它对应服务于相应的居住人口。

住宅与住宅用地

作为一个整体概念，"住宅"可以包含住宅单元、栋（幢）、住宅群落、居住组团等住宅用地上的居住建筑，它分别以不同的居住人口规模要求配置相应等级（包括项目和规模）的服务、通路、绿地与场地设施(图1.2)。

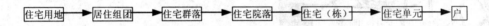

图1.2　住宅与住宅用地系统

道路交通设施与道路停车用地

道路交通设施与道路停车用地包括住宅区内的为通达至住宅、各类设施、各类场地和可活动绿地的通路以及为住宅区居民居住生活服务的非机动车和机动车停车设施。按通路的空间位置和服务人口以及相应的道路宽度，住宅区道路可分为宅间路、组团路、小区路和居住区道路四级(图1.3)。

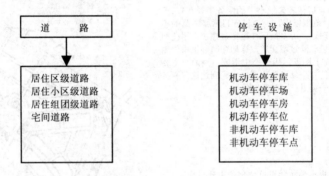

图1.3　道路与停车设施系统

公共建筑与公共服务设施用地

住宅区的公共建筑以及相应的公共服务设施用地是指主要为该住宅区居民日常生活服务的商业、服务、文化、教育、医护、运动等设施及其用地。这些设施的项目设置和规模确定，均与其所服务的人口相对应，并要求按"分级"设置与布局，即所谓的"公建配建"。有时其服务的人口会超出某住宅区的范围，在这种情况下，住宅区的公共服务设施配建的人口基数将大于该住宅区的人口规模(图1.4)。

公共服务设施用地

分类 / 分级	商业服务设施	教育设施	文化运动设施	医护设施	社区管理设施
居住区级	超市　饭店 百货　食品 菜市场 储蓄所 银行　理发 邮电所（局） 药店　书店 旅馆　修理等	中学	文化馆 俱乐部 运动场	医院 门诊所	物业管理 派出所 街道办事处 市政管理所 绿化环卫所 工商税务
居住小区级	小吃　菜市场 理发　百货 副食　储蓄所 邮电所等	小学 幼儿园	社区活动中心 文化活动站	门诊所	物业管理
居住组团级	小吃	托儿所	文化站	卫生站	居委会

图1.4　公共建筑与公共服务设施用地系统

绿地与户外活动场地

绿地与户外活动场地包括住宅区的各级和各类绿地以及各类户外活动场地。其中绿地系统包括公共绿地、宅间宅旁绿地、道路绿地、专用绿地和防护绿地等其他绿地;户外活动场地包括幼儿和儿童游戏场地、青少年活动场地、老人健身与活动场地等(图1.5)。

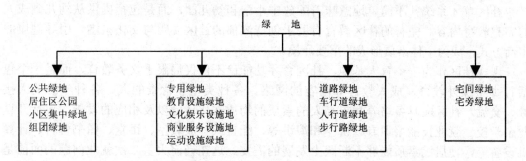

7

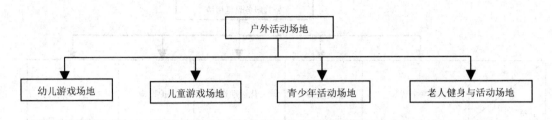

图1.5　绿地与户外活动场地系统

社区系统

现代社区应该从生活品质出发,全方位地改善和提高住区的可居住性。以住户居住生活的需求为出发点,社区的构成系统需要重组和完善,可分为生活保障、育才就业、交流参与以及运营四大系统。

社区生活保障系统

生活保障系统包含有基本服务保证、通行条件保证、义务教育保障、住房保障、环卫保障、基础设施供应保障、安全保障、绿地面积保证、绿化环境保障以及健康保障,其中绝大部分子系统均具有新的内容,如基本服务保证中的个人经济活动服务,通行条件中的私人机动车通行与停放,住房、环卫、基础设施供应和安全保障中的物业管理,基础设施供应中的分质供水、网络计费,安全保障中的报警系统,以及绿化环境中的环境设计与设施维护等等。

社区是人类的生活基地,更体现出对人的关怀。随着人们对健康的日益关注,健康咨询、心理咨询、医疗看护等将成为社区中普遍的服务内容。社区内应设立规模相当、用地独立、功能多样的医疗设施,并对社区居民开展定时的日常保健服务,对老年人、欠健康者、病患者有针对性地服务到户。社区医院并非城市医院功能的简单缩小,而是城市医院基本功能的扩大,应将提高人们生活质量的保健服务作为它的一个主要职能。

社区育才与就业系统

社区育才系统并不简单地意味着配建中小学和幼儿园,而是包括提供从幼儿到成人的完整教育内容。完善的社区教育有助于创造浓郁的社区文明与文化氛围,引导健康的生活方式,成为个体素质形成的重要环境。

现代社区作为一个育人基地,社区育才功能已不仅仅局限于义务教育,而是一个包括青少年课外教育、成人教育等内容的网络,各种类型和背景的人、各种年龄的人接触、交流,社区应具备培养和提高人的素质的物质文化环境以及相应的设施,包括开设业余学校、就业技能培训专题讲座和演讲等,配置或开放教室、讲堂、图书资料、计算机设备等,使居民素质能够不断跟上发展的需要。这在当前大量二次就业问题的面前是一种创造再就业机遇的有益途径。

城市经济与社会的发展使服务多样化。家庭作业的社会化使人能够享受更为精致周到的社会服务,并得以有更多的时间从事休闲活动和与他人的交往,多样化的社区服务提供了较以前更多的就业机会，社区中除传统的物业管理、医疗保健、商业服务外，更出现了许多新兴的家政行业，如家教、洗衣、净菜、老人和儿童的看护等，体现了社区对居民生活关怀的本质，使社区成为一个和谐共存的大家庭。

社区就业可作为社会经济发展过程中剩余劳动力资源的二度消化，包括社区中和社会上的待岗及下岗人员。这种以社区内部消化的方式，使从业人员以主人的责任感服务于社区，不仅完善了社区的服务机能，更重要的是使其成为社会就业服务体系中的一部分。社区可设立统一的就业管理机构，并提供相关的咨询、培训等服务。就业信息不仅来自于社区内部，也可通过建立网络了解社会各行业的就业信息，并及时提供给社区居民。

社区交流与参与系统

社区是社会大系统与家庭之间的纽带，公平共享是社区存在的重要基础，融洽的邻里关系来自于不同阶层、不同背景居民对社区的共同责任和认同，这些目标的实现，交流和参与是重要的手段。

场所是居民交流和参与的载体，而社区是由时间、空间、设施及其活动内容等要素构成的特定行为场所，并被赋予一定的意义。场所的意义是比单纯的物质空间特征更为重要的因素，是空间的灵魂，但这种意义必须由场所的内容及其中的活动体现出来。在社区的户外空间中，每个空间都应当具有适合于公共活动产生的可能性和多义性。

社区运营系统

社区运营系统是社区维持维护和改善发展的基础。该系统存在的基础在于住户和管理者的互利，通过该系统，社区的各项职能得以发挥，各项设施得以运作，住户得到利益保障。财务问题是社区运营系统的核心问题，社区保障、就业、育才、交通与参与系统的建立和良性运转，需要该系统的统筹协调和经营。

社区是人类生存生活的基地，其含义远远超出了地域空间的概念，而是人与物交互影响并相互融合的网络。进入信息时代，人们的生活方式将会有更大的改变，而人与物的关系因信息技术的发展将被重新认识和处理，社区的职能也会被赋予新的内容，社区的职能将越来越综合化。社区综合化职能的有效实现，将使网络型的系统结构发挥更大的作用。

社区网络系统的建构应该具备四大要素。第一是各系统中应具有层次分工，第二是各系统均应该是可无限扩展的，第三是各系统间应该具有交互作用，第四是所有居民对整个网络权益共享。具有这样一种特征的社区网络系统的建立，将会更有效地保证社区四大系统的良性运行，不断达到居民所希望的生活品质并辐射到整个社会(图1.6)。

系统的整体性

住宅区的各类系统不是一个孤立的系统，它与其周围地区和整个城市相应的各项系统密切相关。在物质系统的构成上，它是城市物质系统的基本单元；在物质系统的空间布局上，它是城市整体结构的有机组成部分；在社会生活方面，它又是整个社会生活网络的的重要节点（图1.7）。

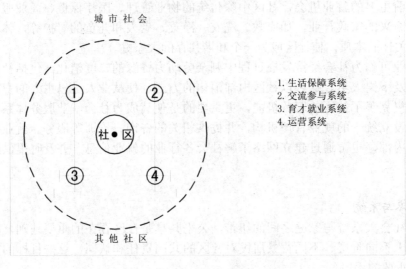

图1.6 社区网络系统示意

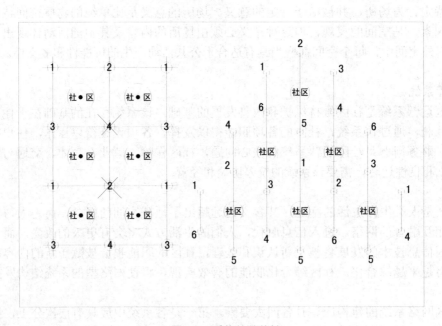

图1.7 系统的整体性

进一步阅读的材料:

1. 同济大学. 城市规划原理. 北京: 中国建筑工业出版社, 1991.11

2. 邓述平, 王仲谷. 居住区规划设计资料集. 北京: 中国建筑工业出版社, 1996.3

3. 王仲谷, 李锡然. 居住区详细规划. 北京: 中国建筑工业出版社, 1984.6

4. [美] R·E·帕克等. 城市社会学. 北京: 华夏出版社, 1987.6

5. ［美］克莱德·M·伍兹. 文化变迁. 石家庄:河北人民出版社,1989.2

思考的问题：
1. 住宅区与居住区、居住小区、居住组团的关系。
2. 社区在住宅区规划中的意义。
3. 邻里单位、邻里关系的基本内容。

第二章 住宅区规划设计的总体原则

住宅区规划设计应该全面考虑满足人的需求、对环境的作用与影响、建设与运营的经济性以及景观形象的塑造等要求，以可持续发展战略为指导，遵循社区发展、生态优化和共享社区的住宅区规划设计的总体原则以及相应的住宅区规划设计原则，建设文明、适居的居住社区。

第一节 社区发展原则

社区发展包含多方面的含义，适应与满足人的需求，建设社区文明与发展社区文化，建立完善的服务与管理机制是住宅区规划设计中需要考虑的主要的内容，而在住宅区规划中充分地考虑如何适应与满足人的需求是社区发展原则的基本核心内容。

需求层次理论

住宅区规划设计最终是为人提供一个良好的环境，使人能"更好地"实现他们的各种个人与社会活动。因此，适应与满足人的需求是住宅区规划设计的基本要求。

1954 年美国社会学家马斯洛（A.Maslow）在《动机与个性》一书中提出了"需求等级"学说，把人的需要由低级到高级分成五个层次，即生理的需要、安全的需要、爱与归属的需要、尊重的需要和自我实现的需要。

生理的需要和安全的需要指人生存的基本需要，包括对衣、食、住、行、空气、水、睡眠和性生活的需要，以及对这些基本生活条件的保障需要和人身安全、劳动安全、就业保障等的需要。

爱与归属的需要和尊重的需要指人的心理需要，包括对社会交往、社会地位、宗教信仰、文化传统、道德规范等的需要与认可。

自我实现的需要指人高层次的发展需要，包括对生存的价值、生活的意义、自我的满足、个人的风格的追求即存在价值，如完整、完善、完成、正义、轻松、活跃、乐观、诙谐、丰富、单纯、秩序、独特、真实、诚恳、现实、美、善、自我满足等内容。

需求层次理论同时提出，人的需求的产生是一个从低级的生理需要到高级的自我实现需要的发展过程，只有当低一层次的需要得到满足后才可能产生对高一层次需要的需求，在整个人类社会中，各层次需求的人的数量呈金字塔型 (图 2.1)。除一般的人的需求外，对儿童、青少年、老年人和残疾人的特殊需求应当特别给予重视。

图 2.1 人的需求层次金字塔

从满足人的需求出发，住宅区规划应该充分考虑居住环境的适居性、识别性与归属性以及营造具有文化与活力的人文环境。

适居性

卫生、安全、方便和舒适是住宅区适居性的基本物质性内容。

卫生包含两个方面的含义，一是环境卫生，如垃圾收集、转运及处理等；二是生理健康卫生，如日照、自然通风、自然采光、噪声与空气污染防治等。

安全也包含两方面的含义，一是人身安全，如交通安全、防灾减灾和抗灾等；二是治安安全，如防盗、防破坏等犯罪防治。有关日照、自然通风、自然采光、噪声与空气污染防治将在第五章"空间"中介绍，有关交通安全将在第六章"通路"中详述。

方便主要指居民日常生活的便利程度，如购物、教育（上学、入学等）、交往、户内户外公共活动（儿童游戏、青少年运动、老人健身、社区活动等）、娱乐、出行等，包括各类各项设施的项目设置与布局。有关设施设置与布局将在第三章"住宅区规划结构"

中详述。

　　舒适包含的内容更为广泛，既有与物质因素相关的生理性方面的内容。也有既与物质因素又与非物质的社会因素相关的心理性方面的内容。广义的舒适可以包含卫生、安全和方便在内的与物质因素相关的内容，同时还应包括居住密度、住房标准、绿地指标、设施标准、设计水平、施工质量以及人性化空间和私密性等内容。有关居住密度将在第三章"住宅区规划结构"中详述，有关绿地指标将在第九章"住宅区规划设计指标"中介绍，有关人性化空间和私密性将在第五章"空间"中详述。

识别与归属

　　识别性与归属感是人对居住环境的社会心理需要，它反映出人对居住环境所体现的自身的社会地位、价值观念的需求。场所与特征是居住环境具备识别性与归属感的两个重要要素，场所与居住环境的心理归属感具有密切的关系，而特征则与居住环境的形象识别性、社会归属性有着直接的联系。

　　场所指特定的人或事占有的环境的特定部分。场所必定与某些事件、某些意义相关，其主体是人以及人与环境的某种关系所体现出的意义，不同的人或事件对场所的占有可以使场所体现出不同的意义。场所不仅是一种空间，它的存在在于人们赋予这一空间在社会生活中的意义，由此，它成为了人们生活的组成部分。

　　住宅区规划设计应该注重场所的营造，使居民对自己的居住环境产生认同感，对自己的居住社区产生归属感(图 2.2)。

图 2.2a

图 2.2c

图 2.2b

图 2.2d

图 2.2e

图 2.2f

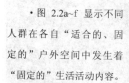

• 图 2.2a~f 显示不同
人群在各自"适合的、固
定的"户外空间中发生着
"固定的"生活活动内容。

图 2.2　场所示例

特征是具有识别性的基本条件之一。在住宅区物质空间环境的识别性方面，可以考虑的要素有：建筑的风格，空间的尺度，绿化的配置，街道的线型，空间的格局，环境的氛围等(图 2.3)。

图 2.3a 上海曹杨新村绿化掩映的坡顶住宅

图 2.3b 上海三林苑的退台住宅群沿曲线型道路排列

图 2.3c 上海甘泉苑中的自然流水

图 2.3d 无锡沁园小区中的水景

图 2.3e 上海三林苑的景观由雕塑、水和公共建筑组成

图 2.3　特征示例

文化与活力

富有文化与活力的人文环境是营造文明社区的重要条件，丰富的社区文化、祥和的生活气息、融洽的邻里关系和文明的社会风尚是富有文化与活力的人文环境的重要内容，融合共处的人文环境是社区发展的基础，社区应该肩负起沟通住户的责任。

"面对面"、"人看人"的社会心理需求，"面谈"、"见面再说"是我国传统的生活习惯和交流形式，也是中国传统文化注重人与人交往的一种表现。茶楼、酒馆、院落是一般非血缘关系的朋友或邻居交往的场所。

现代的科学技术带来的生活方式使得人与人、人与物、虚与实的关系发生了巨大改变，但人们在得到基本的物质满足后，他们对人文环境的关注与渴望将成为住宅区居住环境品质提高与完善的重要内容。

住宅区规划设计应该通过有形的设施、无形的机制建立起居民对社区的认同、参与和肯定，它包含了邻里关系、社区文化、精神文明和居住氛围等内容（图 2.4）。

图 2.4a

图 2.4b

图 2.4c

图 2.4 文化和传统是户外生活的魅力所在

第二节　生态优化原则

通过积极应用新技术、开发新产品，充分合理地利用和营造当地的生态环境，改善住宅区及其周围的小气候，实现住宅区的自然通风与采光，减少机械通风与人工照明，综合考虑交通与停车系统、饮水供水系统、供热取暖系统、垃圾收集处理系统的建立与完善，节约能源、减少污染、营造生态是现代住宅区规划设计应该考虑的基本要求。

住宅区规划设计的生态考虑

1996年"上海2000年住宅国际竞赛"德国OBERMEYER公司的方案荣获二等奖（图2.5），该方案在规划中考虑了由屋顶绿化系统、窗墙保温系统、屋顶雨水收集与贮存处理系统、分质供水系统、太阳能供热系统、自然降温通风系统以及人车分行的住宅区交通系统构成的完整的居住社区生态化结构运营体系。有关资料报道，这些系统在德国已分别在不同的住宅区中进行了实践，效果显著。

屋顶绿化系统：住区住宅由南向北从4~8层逐步提高，全部的住宅屋顶通过加建"U"型混凝土板槽，覆土200毫米以上，进行全面绿化。200毫米深的覆土可满足草皮、花卉和蔬菜的种植，从而极大的改善了住区的气候和景观环境。

窗墙保温系统：住宅墙体采用在普通墙体材料中加入一层保温材料，外窗采用在一般外窗外增加一道平移式遮阳窗。通过实践证明，不论冬夏，可使室内外温差达10~15℃，从而大大降低人们对空调、电、煤气等取暖设施的依赖。

屋顶雨水收集、贮存与处理系统：屋顶"U"型混凝土板槽底部铺设一层砂石过滤层，通过"U"型板槽集水及底部过滤层过滤，并通过管道贮存到住宅地下层（室）的蓄水池中，利用泵把水送到每户，可作为便池、洗涤和卫生清洁用水，大大节省了清洁自来水。据专家介绍，在我国，雨水经简单的过滤，完全可以用于上述用途。

分质供水系统：在住宅和住区中建立两套供水管网，一套用于饮用，另一套用于清洁卫生。

太阳能供暖系统：利用设在屋顶上的太阳能集热片和贮存器，按时或按需为住户供应暖气和热水。

自然降温、通风系统：在住宅之间建一个地下沟槽（系统），经风道及泵把地下的自然凉气（风）送到住户。地下槽的容积可以按住区当地气候情况及用户规模核算确定。

人车分行系统：人行与车行路网交叉布置，一般车行路并不直达住宅单元入口（一般距单元入口50米以内），人行路与自行车和非交通车辆通行并存，提高了道路的利用率，从而也起到了改善住区环境的作用。

这样一个生态化结构的运营体系，同时设有非常规情况下的辅助系统，如雨水不足时的清洁水补充设施，阳光不足时的煤气供热设施等。

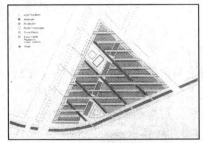

图 2.5a 绿地系统

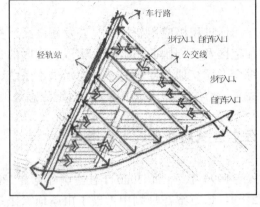

轻轨站

车行路
步行入口 自行车入口
公交线
步行入口
自行车入口

图 2.5c 交通组织

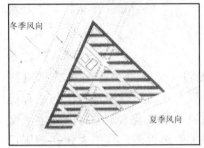

冬季风向

夏季风向

图 2.5b 气候风向

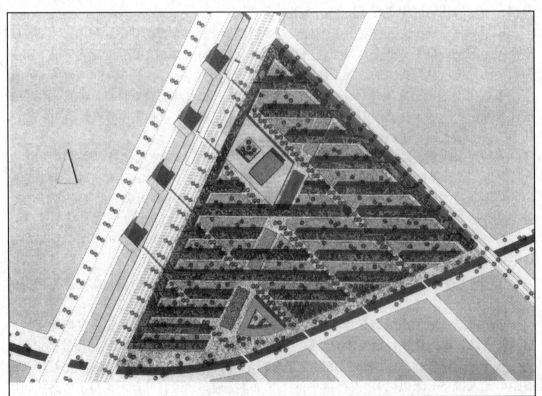

图 2.5d 总平面图

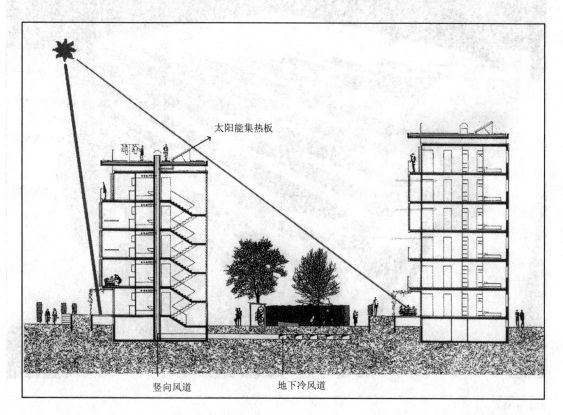

太阳能集热板

竖向风道　　　　　地下冷风道

图 2.5e 通风与日照

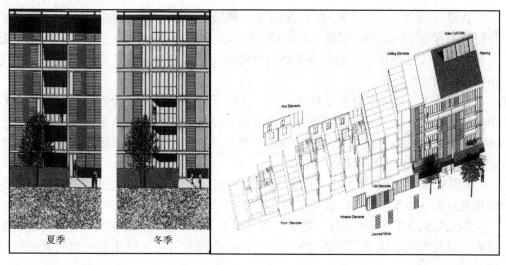

夏季　　　　　冬季

图 2.5f 墙体与窗

图 2.5g 模型

图 2.5 '96 上海住宅设计国际竞赛 7 号方案（二等奖）

1993 年世界人居奖（World Habitat Award）的丹麦哥本哈根郊区巴来拉普（Ballelup）斯科特帕肯住宅区，日常综合能耗比世界平均水平减少了 75%，只相当于原来的 25%。其由可持续发展观点出发的全面节能与合理利用的住宅区建设原则已经获得了成功，并由联合国向全世界推广。

斯科特帕肯住宅区分六个组团，共有 100 套低层住宅。六个组团呈马蹄形分布在一个小湖周围。小区设有社区活动室、洗衣房和维修管理中心，附近还有一所小学。整个小区有完整独立的供热系统、供水系统、通风系统等生活设施系统。并由计算机统一控制各系统的运作及系统间的协调。

供热系统：利用位于每个组团里面的太阳能采集器与锅炉，把收集的太阳能经锅炉房转化为热水、热蒸汽等提供给每套住宅作为生活、取暖供热系统。

供水系统：以社区为单位，提供管道饮用水。在小区里设总水表、各户安装水表和能量表，以监测供水情况。生活洗涤与卫生冲洗用水部分由小区生活废水回收循环利用提供。

排水系统：生活废水分质分管，由净化系统处理后循环利用。所有厨房和卫生间安装双道节水阀，并改良烹调器、冰箱、洗衣机等生活器具，使之具备节水性能。此外，下雨时雨水会顺着设计好的管槽汇入住宅区中央的小湖里，再渗入地下，改善住宅区生态小气候。

通风系统：以 4~5 户为一套运行单位，统一进行调节。通过换气调节、夜间补偿等措施，不但改善了住宅区自然通风情况，同时也将热散失控制在 20%以内。加上住宅区小气候的营造，使得人工空调在该小区里已成为多余。

停车系统：设置小区集中停车库，从而提高小区内道路、环境设施水平，噪音、空气质量大大改善，能源的整体消耗也大大降低。

除了上面提到的各设施系统,在斯科特帕肯住宅区设计师首次提出的能控系统（Energy Management System .简称 EMS）尤其值得注意。该系统在各组团之间建立了平衡－调控模式，全面监控、调整、平衡整个住宅区能源消耗与各系统的运作。如果说供水、供热、通风等系统是对每个单项系统确立一种运作模式，那么，能控系统则是对整个小区的能源运作与消耗建立了一个综合节能与优化系统，从而把节能、低能耗住宅区建设推上了一个新的高度。

由此可见，对于小区建设，除了各单项系统本身采取节能、循环利用等措施外，建立统一、完整、全面的监控系统能提高住宅区能源利用率，优化资源利用结构，也是极为重要的。

住宅区的生态优化原则提出的背景是全球化的可持续发展战略。可持续发展的含义在 1987 年联合国环境与开发世界委员会报告"人类共同的未来"中阐述为："所谓可持续的发展，是指在不损害将来人类社会经济、生态、环境利益的基础上，能够满足现代人需要的发展"。

可持续发展的观点是基于人类生活的地区面临污染、地球温室化、异常气象、水土流失等工业时代以来，人类持续破坏性开发所带来的严重问题而提出来的。可持续发展就是要将破坏性开发转变成为非破坏性开发。这一转变不只是节约和再利用，更包含着人类与环境关系的再认识和再构成，这样，自然、他人、自身将会在新的和谐中共存。

第三节　　共享社区原则

住宅区规划设计应该充分考虑全体居民对住宅区的财富的公平共享，包括共享设施、共享服务、共享景象、公平参与。

共享

共享要求住宅区规划设计应该在设施选择上注意类型、项目、标准和消费费用的大众化，在设施布局上注意均衡性与选择性，在服务方式与管理机制上注意整体性与到位程度，以直接面向住宅区自身的居住对象。

景观环境是住宅区生活品质的重要构成部分。居民在择地居住时，景观环境的优劣是主要的决策因素之一。"组景"是实现社区景象共享原则的重要前提，"入景"是实现社区景象共享原则的目的。要达到景象共享，可以根据用地条件，通过形态与空间的合理布局所形成的景象通视来实现。带形的景象布局形态在许多情况下，更有利于较多的景象入景。不同特征的景象区段增加了住户的选择性，同时也更富有人性。营造一个带风景的社区和看得见风景的房间，是住宅区规划设计中必须考虑的问题（图2.6）。

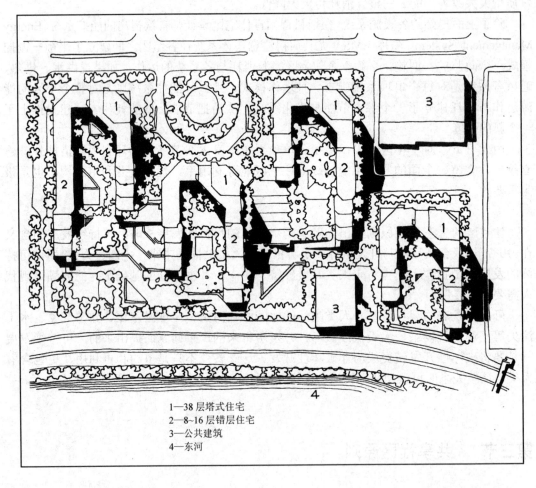

1—38 层塔式住宅
2—8～16 层错层住宅
3—公共建筑
4—东河

图 2.6a₁ 总平面图

图 2.6a 美国纽约 1199 广场

（用地 4.64 公顷，人口 5500 人）

采用跌落型住宅和面向水体开放的布局，是争取自然景色的典型布局

24

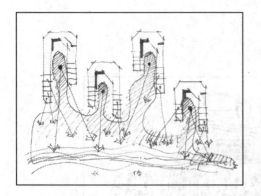

图 2.6a₂ 景观分析

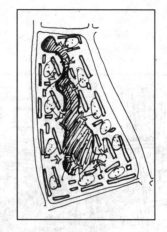

图 2.6b₁ 景观分析

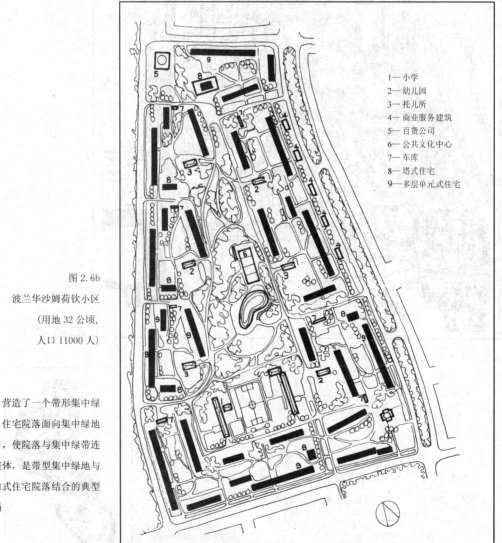

1— 小学
2— 幼儿园
3— 托儿所
4— 商业服务建筑
5— 百货公司
6— 公共文化中心
7— 车库
8— 塔式住宅
9— 多层单元式住宅

图 2.6b
波兰华沙姆荷钦小区
(用地 32 公顷,
人口 11000 人)

营造了一个带形集中绿
地,住宅院落面向集中绿地
开口,使院落与集中绿带连
为整体,是带型集中绿地与
内向式住宅院落结合的典型
布局

图 2.6b₂ 总平面图

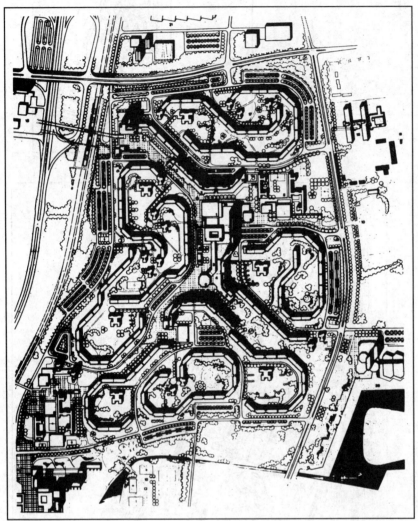

图 2.6c₁ 总平面图

图 2.6c 为德国罗斯托克·古洛斯克朗因居住区

       （用地 39.09 公顷，人口 18372 人）

    连续的带形住宅围合起的开放空间能使每一住户均能面对一片较大的绿化景观空间。对一个规模较大的住宅区而言，分片组织共享空间是一个适宜的方法

图 2.6c₂　景观分析

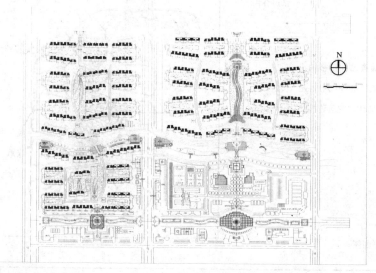

图 2.6d₁ 总平面图

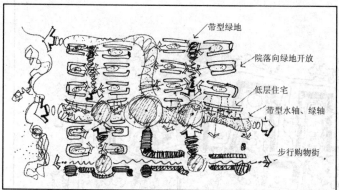

带型绿地

院落向绿地开放

低层住宅

带型水轴、绿轴

步行购物街

图 2.6d₂ 景观分析

• 图 2.6d 湖州小康住宅区利用原有河道重组带型绿化景观带，连接每个住宅院落。

图 2.6e₁ 景观分析

• 图 2.6e 上海金山石化临潮村通过带状绿带、集中绿地和低矮的公共建筑及场地布局，使每一住宅群落有一个开阔的景观面。

图 2.6e₂ 总平面图

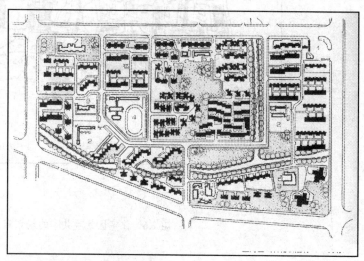

图 2.6f₁
景观分析

图 2.6f 为瑞典巴罗巴格纳小
区(用地 27 公顷,人口 3500 人),是
带型集中绿地与内向住宅院落连接的
整体布局。

绿地

院落向
绿地
开放

图 2.6f₂ 总平面图

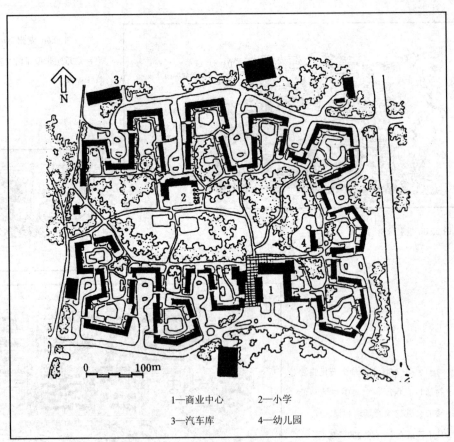

N

0   100m

1—商业中心   2—小学
3—汽车库   4—幼儿园

图 2.6 住宅区景观共享的规划布局

公众参与

公众参与是住宅区全体居民共同参与社区事务的保证机制和重要过程。公众参与包括居民参与社区管理、社区发展决策、社区后续建设和社区信息交流等社区事务内容，它反映了居民应该享有的公平的权益，同时也是使居民热爱社区、爱护社区、关心社区、对社区产生归属感和建设文明社区的一种重要方式。

社区的信息交流是公众参与的重要条件，它包括社区管理者与居民之间和居民与居民之间的交流。社区应该建立一种积极的机制，向住户推出全面的社区信息，其内容不仅限于社区问题与意见征求、住户需求调查和服务意见反馈、服务功能的调整完善，更在于鼓励住户们共同参与、决策社区的发展以符合绝大多数社区住户的利益。

进一步阅读的材料：

1. 同济大学. 城市规划原理. 北京：中国建筑工业出版社，1991.11
2. 王仲谷，李锡然. 居住区详细规划. 北京：中国建筑工业出版社，1984.6
3. ［美］弗兰克·戈布尔. 第三思潮：马斯洛心理学. 上海：上海译文出版社，1987.2
4. ［美］露丝·本尼迪克. 文化模式. 北京：华夏出版社，1987.9
5. ［美］I·L·麦克哈格. 设计结合自然. 北京：中国建筑工业出版社，1992.9
6. ［美］J·O·西蒙兹. 大地景观——环境规划指南. 北京：中国建筑工业出版社，1990.6
7. 郭彦弘等. 城市规划概论. 北京：中国建筑工业出版社，1992,4

思考的问题：

1. 住宅区规划设计要遵循的基本要求。
2. 场所的意义。
3. 居住环境的文化意义。
4. 自然环境在居住环境营造中的保护与利用。
5. 城市规划的公众参与及其对住宅区规划的作用。

第三章　　住宅区的规划结构

　　规划结构的研究、调整与确定是一项包含有创造性活动的工作过程，规划结构本身不存在固定的模式。在观念、概念、系统、形态和布局方面，建立一个以改善并提高居住生活环境品质、促进社区发展、使住宅区在物质和非物质方面均能适应现代生活需求为目标的城市住宅区规划设计的原则以及引导准则，以实现社会、经济和环境综合高效的目标，是住宅区规划设计结构层面上的工作内容和目的。

第一节　结构、规划结构

结构

　　整体性、系统性、规律性、可转换性和图式表现性是结构的基本性质。整体性要求对象的内容或元素完整全面，系统性要求对象的内容或元素在整体上具有相互的关联，规律性要求系统间具有相互作用的基本关系，可转换性要求在基本关系的作用下具有构成各种具体结构的机能，图式表现性则要求能够用图形、图表或公式来表现出研究对象的结构特征和内在关系(图 3.1)。

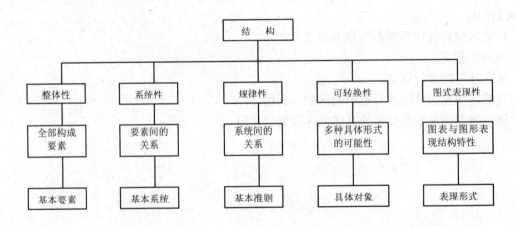

图 3.1　结构分析

规划结构

　　根据上述的分析，城市的规划结构应该包含有规划对象全部的构成要素，反映各系统在构成配置与布局形态方面的内在的和相互间的基本关系（包括基本规律与要求），同时可以在定量要素方面用图表、在定性要素方面用文字、在空间形态方面用图形来表现（图 3.2，图 3.3）.

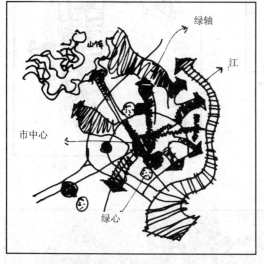

图 3.2a 开发空间系统结构图

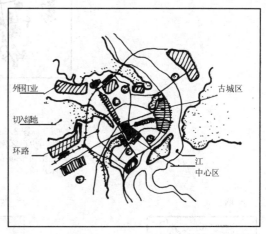

图 3.2b 用地布局结构图

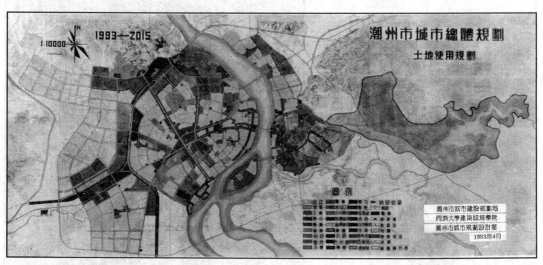

图 3.2c 土地使用规划图

图 3.2 城市规划结构分析之一 —— 潮州市城市总体规划

图 3.3a

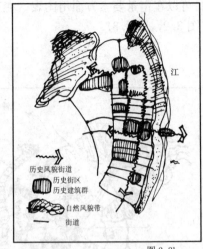

江

历史风貌街道
历史街区
历史建筑群
自然风貌带
街道

图 3.3b

·图 3.3a,b
为历史街区保护
之空间布局结构
示意图。

图 3.3c

·图 3.3c,d
为建筑高度控制
之空间布局结构
示意图。

·图 3.3e 为
潮州古城高度控
制规划。

图 3.3e

高度控制规划

N

1:2000

图例

图 3.3d

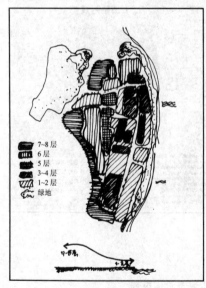

7~8层
6层
5层
3~4层
1~2层
绿地

图 3.3 城市规划结构分析之二——潮州古城历史街区保护规划

第二节 住宅区的规划结构

正如本章第一节所述，结构的整体性和系统性决定了结构构成要素的重要性，其具体的构成要素可以参见第一章第三节。一般情况下，将住宅区的构成要素划归为用地、设施、空间、景观四个部分。在考虑具体的住宅区规划设计时，构思过程的第一步往往是对规划结构进行组建的过程，从将构成要素划归为上述四部分来看，它们相互之间存在着由简单到复杂、由低级到高级、相互重叠交叉的一个半网络的结构关系（图3.4）。

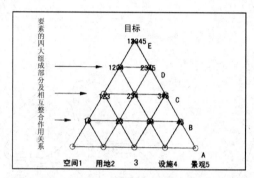

图 3.4　住宅区规划要素的结构整合示意

住宅区规划设计的过程是一个力求不断实现规划目标的过程，其间决定是否能够或有效地实现规划目标的重要因素是规划的结构。在住宅区规划结构形成过程中，起重要作用的是由规划的基本要求表现出来的结构的规律性和可转换性。结构的规律性和可转换性在住宅区规划中主要体现为对构成要素根据确定的目标进行重组的基本规划要求与因素，其中包括用地规模与配置、设施分级与布局、空间层次与组合、视觉景观与形象四方面的内容。

用地规模与配置

基本要求：为了使住宅区具备基本的生活设施以满足居民的日常生活需求，一般要求住宅区的人口或用地达到一定的规模，这一要求对周围设施不足或没有设施的住宅区而言，如在城市边缘地区新建的住宅区，显得尤为重要。1994 年颁布的国标《城市居住区规划设计规范》（CB50180-93）中提出了城市居住区、居住小区和居住组团的用地规模可以作为城市住宅区用地规模的参考(表3-1)。

表 3-1　　　　　　　　　　　城市居住区分级控制规模

规模　　　　　　　　分级	居　住　区	居　住　小　区	居　住　组　团
户数（户）	10000~15000	2000~4000	300~700
人口（人）	30000~50000	7000~15000	1000~3000

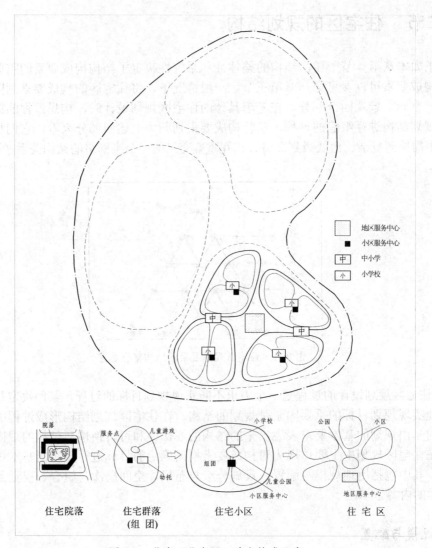

图中标注:
- 地区服务中心
- 小区服务中心
- 中 中小学
- 小 小学校

住宅院落　　住宅群落　　住宅小区　　住宅区
　　　　　　（组团）

院落　服务点　儿童游戏　小学校　公园　小区
　　　　幼托　组团　儿童公园　地区服务中心
　　　　　　　小区服务中心

图 3.5　住宅—住宅区—城市构成示意

1994 年颁布的国标《城市居住区规划设计规范》（CB50180-93）中提出了城市居住区、居住小区和居住组团的用地配置参考数据(表 3-2)，它适用于一般的情况。图 3.5 显示了住宅院落、住宅群落、住宅小区及住宅区相互间的构成关系以及它们与城市的构成关系。

用地配置：包含住宅建筑用地、公共服务设施用地、道路与停车设施用地、公共绿地和其他用地五部分的数量以及比例，它反映了一个住宅区的某些重要的特征，如区位、环境、标准甚至住宅的层数等等。

一个具体的住宅区用地配置的确定应该考虑多方面的因素。住宅区用地的配置应该在国标《城市居住区规划设计规范》（CB50180-93）用地配置建议的基础上，考虑住宅区的职能侧重、居住密度、土地利用方式和效益、社区生活、户外环境质量和地方特点等多方面的因素综合确定。

表 3-2 城市居住区用地平衡控制指标（%）

用地构成	居 住 区	居 住 小 区	居 住 组 团
1.住宅用地	45~60	55~65	60~75
2.公建用地	20~32	18~27	6~18
3.道路用地	8~15	7~13	5~12
4.公共绿地	7.5~15	5~12	3~8
居住区用地	100	100	100

城市住宅区规划应鼓励土地的立体化和复合化利用，如开发地下空间和对地面进行公共空间分层开发利用等。在这种情况下，住宅区规划的用地配置会有相应的变化。

各住宅区由于所处的区位不同、使用对象不同可能导致住宅区用地配置的侧重有所差异。在城市中心或周围已有较完善的公共服务设施可供住宅区使用的住宅区，其公共服务设施用地的比重可以适当降低，否则，其公共服务设施用地的比重一般不能低于国标《城市居住区规划设计规范》（CB50180-93）或地方有关规范规定的比重。

满足住宅区居民的居住生活需求是确定住宅区用地配置的基础，不同的居住对象对住宅区的居住、公共服务、户外环境和交通设施等存在不同的需求，因而应该根据居住对象的特点适度增减住宅区各类用地构成的比例。

住宅区为老年人服务的设施和为住宅区居民进行综合性社区活动的设施应该给予充分的考虑，并为之安排一定的用地。

住宅区的绿化和公共绿地是供该住宅区居民使用、并主要用作改善该住宅区户外环境而设的，因此，在一般情况下不论住宅区周围的绿化和生态状况如何，都不应该降低国家或地方有关规范规定的比重。

在住宅区规划考虑的基本因素中，居住密度是一项重要的量化控制指标，它对居住环境的品质以及规划结构的空间与布局形态有着根本的影响。

居住密度

居住密度是关于住宅区环境质量的重要指标之一，指单位用地面积上居民和住宅的密集程度，它是一个包含人口密度、人均用地、建筑密度和建筑面积密度指标的综合概念。建筑密度、建筑面积密度、容积率之间关系见图3.6。

人口密度

住宅区人口密度（毛）= 住宅区总人口/住宅区总用地 （人/公顷、万人/平方公里）

住宅区人口密度（净）= 住宅区总人口/住宅建筑总用地（人/公顷、万人/平方公里）

人均用地

人均住宅区用地 = 住宅区总用地/住宅区总人口 （平方米/人）

建筑密度

住宅区建筑密度（毛）= 住宅区总建筑基底面积/住宅区总用地面积 （%）

住宅区建筑密度（净）= 住宅区某项建筑总基底面积/住宅区该项建筑总用地面积（%）

建筑面积密度

住宅区建筑面积密度（毛）= 住宅区总建筑面积/住宅区总用地面积 （平方米/公顷）

住宅区建筑面积密度（净）= 住宅区某项建筑总面积/住宅区该项建筑总用地面积 （平方米/公顷）

容积率

住宅区容积率 = 住宅区总建筑面积/住宅区总用地面积 （平方米/ 平方米）

住宅区住宅用地容积率 = 住宅区住宅总建筑面积/住宅区住宅建筑总用地面积 （平方米／ 平方米）

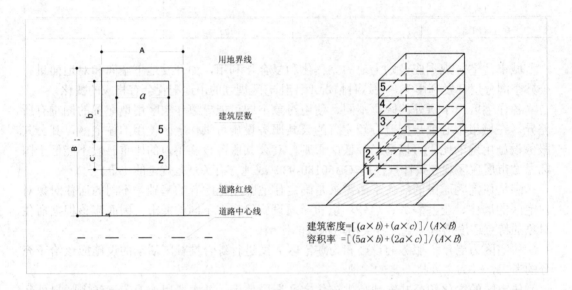

$$建筑密度 = [(a \times b) + (a \times c)] / (A \times B)$$
$$容积率 = [(5a \times b) + (2a \times c)] / (A \times B)$$

图3.6 建筑密度、建筑面积密度、容积率图解

居住密度的高低取决于土地的价值和土地资源的状况、生活环境质量的定位，以及对城市型生活氛围的营造。在住宅区规划中应该从节约土地，保证生活环境的质量，同时满足城市生活的需求三方面来确定适当的居住密度。一般而言，越接近市中心的住宅区其居住密度越高，土地资源越紧张的城市其住宅区的居住密度越高，环境质量标准越高的住宅区其居住密度越小。

在居住密度较高的住宅区其住宅用地的比重应该相对较小，在居住密度较小的住宅区其住宅用地的比重可以相对较大；在高层或以高层住宅为主的住宅区中，住宅用地的比重不宜超过国标《城市居住区规划设计规范》（CB50180-93）或地方有关规范规定的规模相近的居住区、居住小区或居住组团的标准。

住宅区的人口密度确定应该在考虑城市总体规划、分区规划和地区控制性详细规划要求的同时，从居住的物质环境质量和社会环境质量两方面综合考虑，以保证舒适的城市生活。过高的住宅区人口密度将会降低居住环境的质量，而过低的人口密度将不利于居民间的接触与交往，同时也不符合节约土地的原则。适宜的住宅区人口密度宜控制在300～800人/ 公顷，在人口密度800人/ 公顷左右或以上的住宅区应该考虑户外公共空间的立体化和复合化的利用方式，以扩展其户外公共使用空间，保证住宅区的户外居住环境质量。

设施分级与布局

住宅区的设施包括公共服务设施、道路与停车设施、教育设施、绿地与户外活动场地、管理设施和市政设施六大类。

服务半径与设施分级

服务半径是指各项设施所服务范围的空间距离或时间距离。各项设施的分级及其服务半径的确定应考虑两方面的因素，一是居民的使用频率，二是设施的规模效益。在安排住宅区的各级各项公共服务设施、交通设施和绿地以及户外活动场地时，各级各项设施服务半径要求的满足是规划布局考虑的基本原则，应该根据服务的人口和设施的经济规模确定各自的服务等级及相应的服务范围。服务半径可以参照国标《城市居住区规划设计规范》的规定以空间距离为标准，也可以以相应的时间距离为参照（表 3-3，图 3.7，图 3.8）。

基本要求：住宅区的设施分级与布局应该充分考虑居民日常生活的便利、邻里交往的促进、资源的合理与有效利用和空间景观特征的塑造，同时也应与地方的文化传统所体现出的景观风貌相结合，形成包含分级和布局内容在内的各类设施的系统性结构。

表 3-3　　　　　　　　　　我国住宅区各级设施的空间距离服务半径

设施等级	服务半径（米）
居住区级	800~1000
居住小区级	400~500
居住组团级	150~250

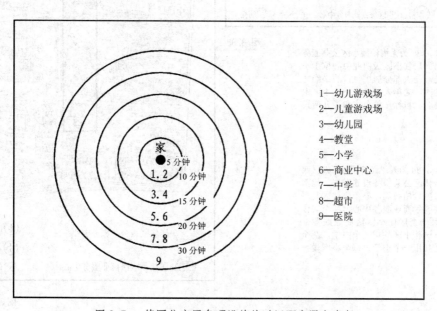

图 3.7　　德国住宅区各项设施的时间距离服务半径

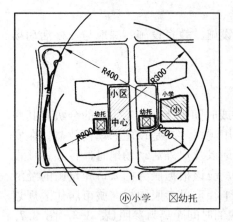

图 3.3a

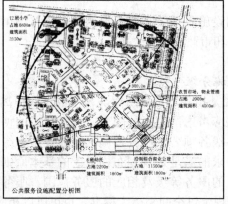

公共服务设施配置分析图

图 3.8b

•图 3.8a,b 为胜利油田中华村小区与成都锦城苑小区公共服务设施布局与服务半径。

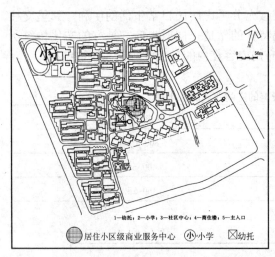

1—幼托；2—小学；3—社区中心；4—商住楼；5—主入口

居住小区级商业服务中心 ⊕小学 ⊠幼托

图 3.8c

• 图 3.8c 为无锡沁园小区公共服务设施布局。居住小区级商业中心位于小区入口处，是大部分居民每日的必经之路；幼儿园、老年人活动室设在小区中心；居委会、自行车停车房和托儿所设在组团内。

• 图 3.8d 为天津经济技术开发区四号路北居住区公共服务设施布局。均衡的公共服务设施布局，整个居住区共用一个居住区级商业服务中心，两个居住小区共用一个居住小区级商业服务中心，四个居住小区共用一个中学，两个居住小区共用一个小学，每个小区设一处幼托。

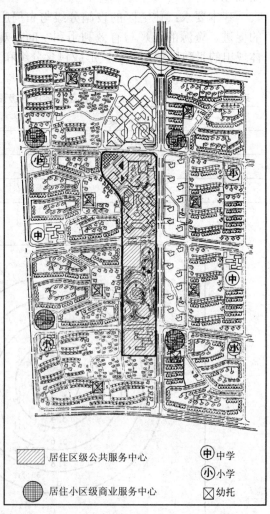

▨ 居住区级公共服务中心

● 居住小区级商业服务中心

中 中学

⊕ 小学

⊠ 幼托

图 3.8d

图 3.8　居住小区各项设施的分级与分布

设施布局

基本要求：各项公共服务设施、交通设施以及户外活动场地的布局在满足各自的时空服务距离的同时，以达到使居民有更多的选择性为目标。

考虑因素：上述设施在布局中可以考虑在平面上和空间上的结合，其中公共服务设施、交通设施、教育设施和户外活动设施的布局对住宅区规划布局结构的影响较大。同时应该注意到，随着现代网络技术的发展和进入家庭，部分公共服务设施和教育设施的布局特别是管理设施的位置将逐步不受服务半径的限制。

公共服务设施

各类公共服务设施宜根据其设置规模、服务对象、服务时间和服务内容等方面的服务特性在平面上或空间上组合布置。商业设施和服务设施宜相对集中布置在住宅区的出入口处，文化娱乐设施宜分散布置在住宅区内或集中布置在住宅区的中心，为老人和住宅区居民进行综合性社区活动的设施宜安排在住宅区内较为重要与近便的位置。

教育设施

各类教育设施应安排在住宅区内部，与住宅区的步行和绿地系统相联系，并宜接近住宅区的中心位置。中小学的位置应考虑噪声影响、服务范围以及出入口位置等因素，避免对住宅区内居民的日常生活和正常通行带来干扰。

绿地

住宅区绿地的布局应以达到环境与景观共享、自然与人工共融为目标，充分考虑住宅区生态建设方面的要求，充分考虑保持和利用自然的地形和地貌，发挥其最大的效益。

住宅区的绿地布局系统宜贯通整个住宅区的各个具有相应公共性质的户外空间，并尽可能地通达至住宅。绿地布局应与住宅区的步行游憩布局结合并将住宅区的户外活动场地纳入其中。绿地系统不宜被车行道路过多地分隔或穿越，也不宜与车行系统重合。

户外活动场地

各类户外活动场地应与住宅区的步行和绿地系统紧密联系或结合，其位置和通路应具有良好的通达性。幼儿和儿童活动场地应接近住宅并易于监护，青少年活动场地应避免其对居民正常生活的影响，老人活动场地宜相对集中。

道路

住宅区的道路规划布局应以住宅区的交通组织为基础。住宅区的交通组织方式一般可分为人车分行、人车混行两种基本形式。该两种形式以及各种二者相互结合的形式将很大程度上影响住宅区的道路布局。住宅区的交通组织宜以适度的人车分行为主要方式。住宅区的道路布局应充分考虑周边道路的性质、等级和线型以及交通组织状况，以利于住宅区居民的出行与通行，促进该地段功能的合理开发，避免对城市交通的影响。

住宅区的道路布局结构是住宅区整体规划结构的骨架，应在满足居民出行和通行需求的前提下，充分考虑其对住宅区空间景观、空间层次、形象特征的建构与塑造所起的作用。住宅区的道路布局结构应考虑城市的路网格局形式，使其溶入城市整体的街道和空间结构中。

住宅区的道路布局应充分考虑地形以及其他自然环境因素，因地制宜，力求保持自然环境，减少建设工程量。

停车设施

各类停车设施的布局既应依据居民出行的方便程度进行安排，也应该从保证住宅区的安静安全和生态环境的角度来考虑。居民的非机动车停车宜尽可能的安排在室内，并接近自家单元，可以以一个住宅组群、250~300辆为单位集中设置。居民的机动车停车宜考虑以安排在室内为主，并在相对集中的前提下尽可能地接近自家单元；晚间路边停车的方式可以考虑作为居民私车停放的辅助方式之一。公交站点应接近住宅区的人行主要出入口。

空间层次与组合

住宅区的空间可分为户内空间和户外空间两大部分。住宅区的生活空间可以划分为私密空间、半私密空间、半公共空间和公共空间四个层次。就住宅区规划设计而言，主要就户外生活空间形态与层次的构筑与布局进行研究。

住宅区的私密空间一般指住宅户内空间和归属于住户自己的户外平台、阳台和院子空间；半私密空间一般指住宅群落围合的、属于围合住宅院落的住宅居民的住宅院落空间，一般包括其中的绿地、场地、道路和车位等；半公共空间一般指若干住宅群落共同构筑的、属于这些住宅群落居民共同拥有的街坊、居住小区或居住区外部空间，一般包括公共绿地、公共服务设施开放的公共场地、小区级和组团级道路和车位等住宅区内不属于私密和半私密的住宅区空间；公共空间一般指归属于城市空间的居住区或城市外部空间。

领域感是人对空间产生归属认同性的基本心理反映，也是住宅区生活空间层次划分的基础。一般认为领域感的产生是由于人都有一种本能的强烈愿望，要求规定其个人或集体活动的生活空间范围，即领域(图3.9)。

清晰的边界划分是明确内部结构和解决地区问题的重要一步  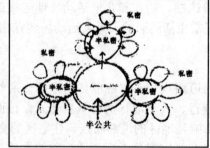 空间分级化组织的住宅区有助于居民了解谁"属于"这一区域

图 3.9 居住生活空间的领域与层次分析（Oscar Newman）

基本要求：住宅区各层次生活空间的建构宜遵循私密--半私密--半公共--公共逐级衔接的布局组合原则，重点关注各层次空间衔接点的处理，保证各层次的生活空间具有相对完整的活动领域。

考虑因素： 在住宅区各层次的生活空间的营造中，应考虑不同层次生活空间的尺度、围合程度和通达性。私密性越强，尺度宜小、围合感宜强、通达性宜弱；公共性越强，尺度宜大、围合感宜弱、通达性宜强。同时应该特别注重半私密性的住宅院落空间的营造，以促进居民之间各种层次的邻里交往和各种形式的户外生活活动。半私密空间宜注重独立性，半公共空间宜注重开放性、通达性、吸引力、职能的多样化和部分空间的功能交叠化使用，以塑造城市生活的氛围。

有关各层次生活空间及其空间衔接的设计处理将在第四章中详细论述。

视觉景观与形象

基本要求： 住宅区规划设计应力求塑造出具有可识别性的住宅区空间景观与具有特色的住宅区形象。

考虑因素：住宅区的空间景观应该从建筑层数的选择与分布，各层次外部空间的衔接、布局、形态、用途、尺度，街道的格局与形式和建筑的布局与风格等方面，综合考虑空间景观的组织，特别应该考虑沿住宅区内部道路和周边道路行进时的景观变化与特征表现。

住宅区空间景观的塑造应注重城市历史与文化传统的作用，关注在此影响下形成的城市空间格局对居民生活的意义，努力赋予住宅区的空间景观与形象以文化和传统的含义。

住宅区空间景观的规划结构应充分考虑住宅区周边和整个城市现状的空间景观情况以及规划的空间景观框架结构，并将住宅区的空间景观系统纳入到整个城市或地区之中，形成一个整体；应充分考虑住宅区内外现有的自然环境，在充分保持与合理利用的原则下适度改造住宅区内的自然景观，并将住宅区内外的自然景观纳入住宅区空间景观的构筑框架。

[案例分析 3-1] 住宅区规划结构分析—合肥"安居苑"规划 （图 3.10）

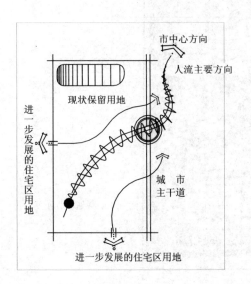

合肥"安居苑"用地 17.37 公顷，人口 7800 人，容积率 1.2。住宅区东面是城市的主要道路，住宅区的东北方向是城市中心；住宅区的西面和南面是第二期和第三期住宅区发展用地。

规划东西向为绿化步行景观带，联系各公共设施并向各个住宅组团及院落渗透；道路分级衔接，人车局部分行；住宅组合为 6 个组团（群落）及 12 个院落；在东西绿化景观轴上分设入口商业广场、中心绿地广场和学校入口活动广场。

图 3.10a 步行与车行交通
流向分析及通路布局结构

3.10b 规划总体模型

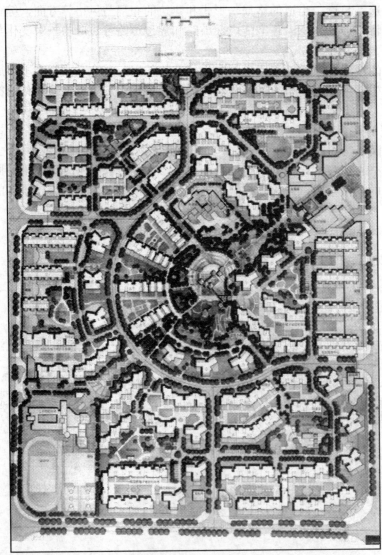

图 3.10c 规划总平面

图 3.10e

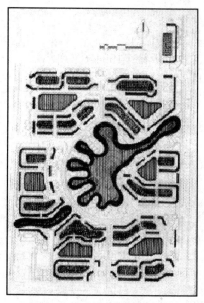
图 3.10d

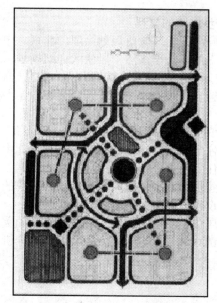

半公共空间（集中绿地）
半私密空间（组团绿地及住宅群落空间）
半私密空间（住宅院落空间）

主要车行联系系统　　公共建筑
绿地步行联系系统　　中心绿地
住宅组团　　　　　　广场

图 3.10d 空间布局与形态结构　　　　　　图 3.10e 功能布局结构

图 3.10f 景观轴线

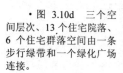

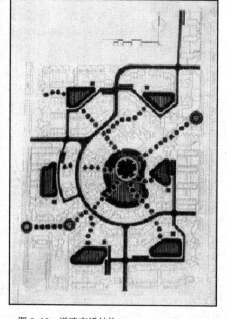

· 图 3.10d 三个空间层次、13 个住宅院落、6 个住宅群落空间由一条步行绿带和一个绿化广场连接。

· 图 3.10e,f 东西向绿化步行轴线联系商业中心、各住宅组团及小学、幼托以及三个广场。

· 图 3.10g 道路分三级两类设置，步行与车行系统不在空间上重叠。

主要车行道路
次要联系路
主要步行路

图 3.10g 道路交通结构

图 3.10　住宅区规划结构分析

进一步阅读的材料：

1. 同济大学. 城市规划原理. 北京：中国建筑工业出版社，1991.11
2. 王仲谷，李锡然. 居住区详细规划. 北京：中国建筑工业出版社，1984.6
3. ［瑞士］皮亚杰. 结构主义. 北京：商务印书馆，1984.11
4. ［美］克特·W·巴克. 社会心理学. 天津：南开大学出版社，1986.2

思考的问题：

1. 住宅区规划结构在住宅区规划设计中的作用。
2. 住宅区规划结构所包含的基本因素。
3. 建筑密度、建筑面积密度和容积率的相互关系。
4. 设施分级与服务半径的意义。
5. 居住生活空间的领域与空间层次的关系。
6. 试对一个住宅区进行规划结构的分析。

第四章　　居民调查

居民调查是住宅区规划设计与研究的基础。居民调查的目的是为了掌握第一手的基础资料，充分了解居民的需求和规划设计需要解决的问题，其作用在于评价居民居住的居住环境、分析居民的居住意愿，并预测住房市场的发展趋向，决策住宅区规划设计的概念、定位与原则，直接或间接地指导住宅区的具体规划设计。调查内容、调查方法和统计分析是居民调查的核心部分。

第一节　调查内容

科学合理的调查内容是居民调查结果是否有效和合理的关键。调查内容的确定与调查的目的有直接的关系，除调查的提问问题外，合理地确定调查对象、调查时间和调查地点直接影响着调查的结果是否有效。从调查面来看，有普查（或面上调查）和专项调查（或重点调查）两种；从调查目的来看，有实况调查、评价调查和意向调查三种。不论哪一种调查形式，居民（或被调查者）的基本情况调查是必不可少的。

居民基本情况调查

居民基本情况调查是为了分析不同居民（或家庭）与调查结果之间的相关关系，可以按不同居民（或家庭）的特征对调查信息进行分类分析与评价，也可以对出现的相同或不相同的调查结果从居民（或家庭）的特征上寻找原因，目的是在调查结果与被调查者之间建立一种关系。

居民基本情况调查一般包括被调查者的年龄、性别、职业、受教育的程度、宗教，被调查者家庭的人口结构、收入、住房状况，被调查者家庭的住址等项目。

[示例4-1]　居民基本情况调查

1. 您的住址：_____市_____区_____小区_____号楼_____层；
2. 家庭人口年龄构成（请在选项中打√）：

年龄段	A	B	C	D	E	F	G
	学龄前 （7岁以下）	青少年 （8-18岁）	青年 （19-30岁）	中青年 （31-45岁）	中年 （46-60岁）	老年 （60岁以上）	总人口数

3. 家庭类型（请在选项中打√）：

家庭类型	A	B	C	D	E	F	G
	核心家庭(由父母和未婚子女组成)	主干家庭(三代或三代以上合住；父母和已婚子女合住)	联合家庭(同辈家庭合住)	无孩家庭(夫妻俩，没有孩子)	老人家庭(家庭成员年龄均大于60岁)	单身家庭(家庭成员只有一个成年人)	单亲家庭(由父亲或母亲与未婚子女组成)
您家所属类型							

4. 家庭经济情况（以您家的月收入总和计；单位：元）：

家庭月收入总和	A	B	C	D	E	F	G	H
	300以下	300~500	500~1000	1000~2000	2000~3000	3000~4000	4000~5000	5000以上
收入								

5. 家庭电器用品拥有情况（请填入您家所拥有电器的数量）：

电器名称	A	B	C	D	E	F	G	H	I	J	K	L	M	N
	空调	油汀	微波炉	冰箱	洗衣机	电视	音响装置	电脑	电饭煲	电炒锅	电水壶	电烤箱	电饮水机	电暖器
数量														

6. 您家的住房性质及建筑面积（请填入相关内容）：

性质	私有产权房	租用房	建筑面积（平方米）

实况调查

实况调查是指对居民当前居住生活状况的调查。调查主要针对居民在自己的住宅区中如何进行日常生活活动的实际状况，包括各项设施的使用频率、出行的次数、消费的标准和认可的场所等，目的在于了解居民目前的居住生活状况和规律。

[示例4-2]　住宅区公共服务设施实况调查表
您对下列小区服务设施的使用频度（请在选项中打√）：

设施类型		每天使用	每周使用	每月使用	其他
商业设施服务设施	百货商场				

	设施类型	每天使用	每周使用	每月使用	其他
商业设施服务设施	食品店				
	餐饮店				
	粮油店				
	菜场				
	超市				
	修配店				
	理发店				
	银行				
	邮政				
文化设施	社区活动中心				
	老人活动中心				
	青少年活动中心				
体育设施					
娱乐设施					
居委会					
物业管理公司					
您认为还需要什么设施					

评价调查

评价调查是指居民对目前所居住的居住环境满意程度的调查。评价调查一般涉及居民对自己的住房、对住宅区各项设施的配置与布局和各项服务的提供是否合理、完善、充分，使用是否方便，设计是否美观，总体是否符合和满足居民日常生活的需要等方面。主要目的在于了解问题所在。

[示例 4-3] 住宅区公共服务及其设施评价调查表

您对下列小区服务设施的重要程度（请在选项中打√）：

	设施类型	很重要	一般	不重要
商业设施	百货商场			
	食品店			
	餐饮店			
	粮油店			
	菜场			
	超市			
服务设施	修配店			
	理发店			
	银行			
	邮政			

续表

	设施类型	很重要	一般	不重要
服务设施	公共洗衣房			
文化	社区活动中心			
	老人活动中心			
设施	青少年活动中心			
市政	自行车停车库（场）			
环卫	机动车停车库（场）			
设施	垃圾收集站			
您认为还需要什么设施				

意向调查

意向性调查是指居民对期望的居住环境的调查。意向性调查涉及的方面可以相当广泛，由于调查的具体目的不甚明确，其内容和问题应该具有一定的启发性，以启发和引导被调查者的思维。意向性调查的目的是为了了解居民对居住环境发展的需要，以指导和改进住宅区的规划设计，为今后住宅区规划设计提供依据。

[示例4-4] 住宅区公共服务及其设施意向调查表

您认为表中的各类设施的位置最好应该（请在选项中打√）：

设施类型	适当集中，置于小区中心位置	适当集中，置于小区主出入口	适当分散
商业设施			
服务设施			
教育设施			
体育设施			
娱乐设施			
文化设施			

不论是评价调查还是意向调查，被调查者的价值取向在很大程度上决定了其评价和意愿的结果。因此，调查结果与被调查者的基本情况的相关性分析是极为重要的。

第二节 调查方法

居民调查的方法常用的有问卷调查、访谈调查和观察调查三种。三种调查的方法不同，目的与效果也不相同。问卷调查不论被调查的对象还是调查的内容均可比较广泛，是一般调查常用的方法；访谈调查一般具有比较确定的被调查对象和比较有针对性的询问内容，范围较小，常常作为问卷调查的补充和用在深入性调查中，内容一般需要访谈者解释或引导方能被被调查者理解和正确回答；观察调查是调查者对客观事实进行真实的记录与描述，侧重于从调查者的角度去了解现状。根据调查的目的，三种调查方法可以独立采用，也可以同时采用。

抽样调查

以现代统计学和概率理论为基础的现代抽样理论是十分准确的，误差一旦出现，它的范围一般都是可以知道的。事实上，现在所有的调查都是依靠抽样。

抽样需要先指定一个所要研究的总体或整体，然后从这一总体中的某个预定数中选一子集，这个子集应充分代表整个总体，即该总体中的数据或信息的范围必须反映在该样本中，以使从该子集中收集来的信息从理想的情况来说是可以同从整个总体中收集来的数据同样精确。

首先，对所要研究的总体的确定即抽样范畴的确定相当重要，它决定着抽取样本是否是随机的，因为只有随机的样本才会准确地反映总体的状况并得到普遍应用，才会避免抽样误差。因此，抽样范畴应该包括总体中所有类型的调查对象。

其次，样本数是选择一个充分样本的关键。为使我们的研究结果具有较大的意义，理想的做法是研究总体或整体，但是我们往往没有能力研究整个总体而必须确定一个样本。一个百分之百的样本就是整个总体，一个百分之一的样本则包括总体中每一百个实体中的一个。样本必须永远看作是总体的近似值而非总体本身。

随机抽样

在一个随机样本中，全体中的每一个人均有被选作样本的同等概率。只要被选的机会在抽样过程的任一特定阶段中均相同，简单的随机抽样通常就被认为是适当的。

分层随机抽样

分层随机抽样是将总体分子分成为不重叠的数"层"，然后从每个层中再选一个简单随机样本。

聚类抽样

聚类样本不是一个简单样本，而是两个或更多的样本。比如想研究居民对自己的居住环境的看法，可先抽取城市样本如上海，再抽取住宅区建造年代样本如 50 年代，再抽取住宅区样本如同济新村、曹杨新村、天山新村等，最后抽取居民样本。

雪球抽样

雪球抽样一般属于非概率抽样。雪球抽样均分阶段进行。第一步，认定和访谈几个具有所需要的特征的人，这些人是用来去认定其他合格的调查对象的。第二步，访谈这些人，这些人又引导去认定第三步中可被访谈的更多的人，如此类推下去。雪球抽样的方法通常是被进行观察性研究的研究人员所应用，尤其被应用于社区研究中。

问卷调查

问卷调查可以采用将问卷直接送卷到户或人、间接送卷到区或点和邮寄到户的方式。这三种方式均是由被调查者自己独立完成问卷回答的调查方式。

问卷设计

问卷设计是问卷调查是否有效的关键。问卷设计的关键术语是"适切"，它包含研究目的的适切、问题切合研究目的、问题切合回答者个人。研究目的的适切性指调查研究的目的需要被回答者理解并确信是正当的、值得做的和为一个良好目的服务等等，使回答者愿意并有效地回答问卷。问题切合研究目的是指必须使回答者确信问卷中的所有问题是切合所说明、所解释的研究目的的；问题切合回答者是指所提问题应该适合所有回答者。只有做好了这一步，才可能得到被调查者认真的和有效的合作，调查的结果才更具有可信度。

问卷的提问方式、版面设计、甚至问卷纸张的形式和色彩均应该亲切近人并富有启发性，以引起被调查者回答问题的兴趣，提高调查的成功率和质量。

问卷的提问应该简单明了，易于理解，避免可能使问题含糊不清的用词，如"美不美"；回答问题要求明确，不要有"一问两答"的问题，如带有"和"与"或"的问题就需要检查一下一个问题中是否包括两个或两个以上的问题；要求回答的答案不能模棱两可，必要时可给出供选择的答案。另外，问卷量不宜过大，一般最好不要超过四页。

开放性问题和封闭性问题

封闭性问题又称定选性问题，回答者从问卷中给予的若干个具体选择中选择其答案。封闭性问题的优点在于：1. 答案是标准的，因而易于作比较，可避免不完整和不相干的回答，如"你多久去一次市中心购物？"；2. 回答者通常会对问题的含义比较清楚（如不清楚一般也可从答案中看清含义），有助于提高问卷的回收率；3. 避免回答者对一些敏感性问题不作回答，如收入、年龄等。它的缺点是：1. 可能使一个不知道如何回答或没有看法的回答者随便乱答；2. 可能答案中没有列出适合某些回答者的答案或写得不详尽；3. 对有些问题可能会有太多的答案需要列出。

[示例 4-5] 居民调查的封闭性问题

您出行时一般主要选择哪一种交通工具（请在选项中打 √）：

交通工具	A	B	C	D	E	F	G	H
	自行车	助动车	摩托车	出租汽车	自备小汽车	各类公共交通工具	其他交通工具	不使用交通工具
选项								

开放性问题用在那些不能用几个简单种类的答案，而需要用较多的细节和论述加以回答的复杂问题上，它被用来引出回答者的独特的见解。开放性问题特别有助于预备性

调查。

开放性问题的优点在于：1.当一切可能的回答种类均未被得知时,开放性问题将比封闭性问题得到较全面的答案；2.有助于研究人员得到回答者认为的恰当的答案；3.问卷表上列出的回答种类太多或无法列全时，开放性问题更为适宜；4.它能给予回答者较多的创造性和自我表达的机会。它的缺点是：1.可能导致收集到无价值或不相干的信息；2.信息不标准化；3.回答者需要较高的教育水平。

[示例 4-6]　居民调查的开放性问题

请您回答下列问题（请列出名称）：

问题	A	B	C	D
	您最喜欢到哪条街购物	假日您最喜欢到哪个公园	您经常去的市场	您最喜爱的建筑
名称				

许多问卷表都是两种问题混合的。一份主要包括定选性问题的问卷表，应该至少包括一个开放性问题（一般安排在问卷表的末尾），以便确定是否有什么对回答者具有意义的东西被忽略了(参见示例 9-2，9-3)。

问卷设计还涉及到回答问题的答案设计，一般有定名变数、定序变数和定距量表三种基本类型。另外，还应考虑问题次序的安排和写问卷介绍词。

[示例 4-7]　定名变数答案

您最希望小区垃圾的收集和转运方式（请在选项中打√）：

A	B	C	D
定点封闭式	定点敞开式	定时	全天候

[示例 4-8]　定序变数答案

您对您所在小区垃圾的收集和转运（请在选项中打√）：

A	B	C
满意	较满意	不满意

[示例 4-9]　定距变数答案

您希望的住宅层数是（请在选项中打√）：

A	低层为主（1~3 层）	
B	多层为主（4~6 层）	
C	中高层为主（7~9 层，带电梯）	
D	高层为主（10 层及 10 层以上）	

预先测验

预先测验是问卷调查的最后步骤，也是最重要的一步。它可对少数回答者进行实测，以发现和纠正它的缺点。预先测验应与最终研究以同样的方式进行，如是邮寄问卷，预先测验也应是邮寄问卷；如是访谈研究，预先测验也应是访谈。

访谈调查

访谈调查是一种由调查人员（访谈员）与被调查者面对面直接提问并回答的调查方式。它能够处理一些复杂问题，同时它具有灵活性，可以根据访谈的情境和访谈对象使访谈员有可能决定什么问题是适宜的，或在回答者回答一个问题有误时可以重复提该问题。另外，访谈往往比填写问卷有更高的回答率并保证所有的问题均得到回答。但访谈调查往往费用高、时间长，对访谈员的要求也高。

一般的访谈是采用预先设计好的标准化问卷进行的结构式访谈，对每个回答者都提同样的问题以对比所有回答者的回答，并作概括统计。这要求访谈员照本宣科地提问、按顺序提问题，并且要求不要引导回答者，以保证回答的有效性和可信度。

访谈有时也可采用完全非结构式的，事先不将问题写下来，而只分给访谈员一个题目，然后进行自由式的访谈，边谈边形成问题。

半结构式访谈或重点访谈是使用事先选择好的题目和假设，但实际问题不是事先具体化了的。重点访谈中的一个重要要素是访谈人员所提供的结构（或题目），访谈人员必须事先研究事件本身，然后制定假设（问题），即使问题的措辞未事先确定，但问题的内容是事先确定了的，否则，无论是访谈员还是回答者都不知道这次访谈的目的究竟是什么。重点访谈比结构式访谈所使用的开放性问题多。在重点访谈中，问题也是开放性的，但具有机动性，允许有出乎意料的回答。

访谈调查需要对访谈员进行训练，还要求访谈员注意访谈技巧、衣着与修饰等方面的问题，而且，访谈员在民族、性别、年龄和社会地位等方面的选择对不同的被访谈者也会产生不同的效果。

观察调查

观察法是收集非语言行为资料的初步方法，运用观察方法并不排除同时运用其他资料收集方法。

观察有两种主要形式：参与性观察法和非参与性观察法。参与性观察者在被观察的活动中是一个正规的参与者，其双重身份不被其他参与者所知。当想要详细研究在某个特定场所或公共机构中发生的行为时，常常优先采用观察法。观察法可在一切场所进行。观察法最大的优点在于对非语言行为的资料收集。

观察有两种类型：结构式的观察（如计算某些行为发生的次数）、非结构式的观察（如记录某些未期待的特定行为）。它们都可以作为一项参与性观察或非参与性观察来研究。

第三节　分析、描述和解释

统计分析是对所有调查资料的综合处理，目的是用来描述、解释和预测调查的对象。描述用来说明资料是"什么样的"，解释用来说明资料"为什么是这样的"，预测则用来对"还会或将会怎么样"进行推断。

描述一般较为简单但它是解释与预测的基础，主要说明分析了多少个案，调查和分析的范围是什么，评价的结果，意向的情况等。解释和预测一般较为复杂，一般对一种现象或调查结果要求有较多的解释，同时还需要解释两个变量之间是否存在一种相关关系，甚至评估变量之间的相关强度。假设在调查资料的分析解释和预测中相当重要，在许多情况下，对调查资料的解释和预测过程即是对假设的检验过程，是一个推断一个假设之真假的推断性统计。推断性统计的目的在于假设两个变量之间有一种关系，然后通过对资料的统计分析显示这种关系确实存在。尽管我们决不能"毫无疑问"地证实我们的假设，但概率统计理论允许我们在一个指定的误差幅度内证实假设。

根据调查的目的，可以将资料按实况性问题、评价性问题和意向性问题分为实况性分析、评价性分析和意向性分析（图4.1~图4.3）。

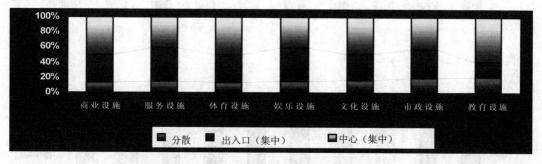

图 4.1　居民对各类公共设施布局位置意向的统计

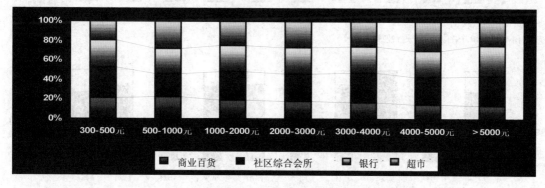

图 4.2　不同收入家庭对四类公共设施重要程度评价的统计

53

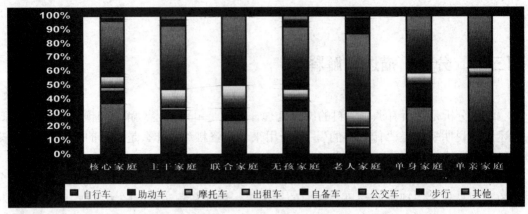

图 4.3　家庭对各出行交通工具选择实况的统计

　　问题与答案的设计源于调查的目的，同时也直接影响到统计分析的结果。调查得到的资料的需要进行归类，一般根据开展调查所想了解的各个方面，将问题及答案归类并进行统计与分析。统计分析示例见图 4.4，图 4.5。

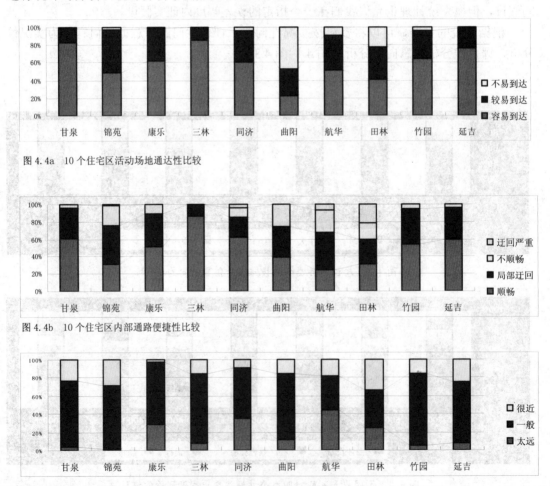

图 4.4a　10 个住宅区活动场地通达性比较

图 4.4b　10 个住宅区内部通路便捷性比较

图 4.4c　10 个住宅区距公交站点便利程度比较

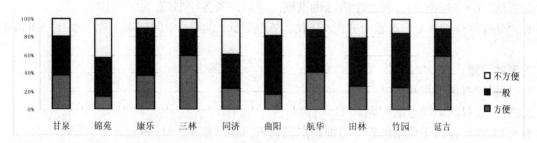

图 4.4d　10 个住宅区自行车停车便利程度比较

图 4.4　10 个住宅区方便性比较

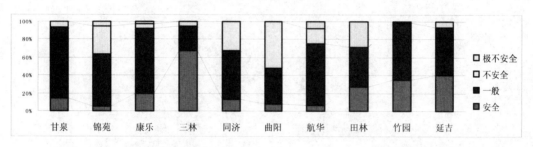

图 4.5a　10 个住宅区内部交通安全性比较

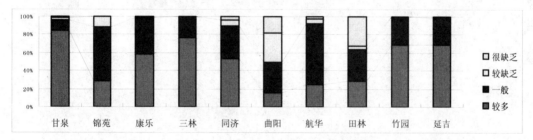

图 4.5b　10 个住宅区绿地规模情况比较

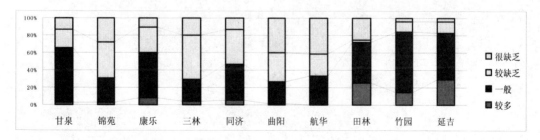

图 4.5c　10 个住宅区活动设施配置情况比较

图 4.5　10 个住宅区舒适性比较

进一步阅读的材料:

1. 〔美〕肯尼斯·D·贝利. 现代社会研究方法.上海：上海人民出版社，1986.8

2. ［美］D•K•贝利. 社会研究方法. 杭州：浙江人民出版社，1986.4

3. ［法］E•迪尔凯姆. 社会学方法的准则. 北京：商务印书馆，1995,12

4. "居住区详细规划"课题研究组. 居住区规划设计. 北京：中国建筑工业出版社，1985,9

思考的问题：

1. 居民调查的作用和意义。

2. 问卷设计应该注意的问题。

3. 试制作一份关于住宅区停车方面的居民调查问卷，并作统计分析。

第五章　　空间

建筑与城市空间由三维的物质要素限定而成。空间需要人感知其的存在,它和发生在其中的生活内容在空间的形式、尺度、比例、质感等物理性要素具有某种程度上的相关性。一个空间对某些特定的人群来说是有意义的,它是这些人群的个人生活和社会生活的一部分,意味着某种归属。空间具有层次性,它是由人心理上的安全感、归属感和私密性要求决定的。

住宅区规划设计所考虑的空间问题,主要侧重于研究外部空间,研究如何通过外部空间的构筑营造一个适居的居住环境。

第一节　　外部空间的构成要素

外部空间的构成要素可分为基本构成要素和辅助构成要素。基本构成要素是指限定基本空间的建筑物、高大乔木和其他较大尺度的构筑物(如墙体、柱或柱廊、高大的自然地形等)。辅助构成要素是指用来形成附属空间以丰富基本空间的尺度和层次的较小尺度的三维实体,如矮墙、院门、台阶、灌木和起伏的地形等(图 5.1,图 5.2)。

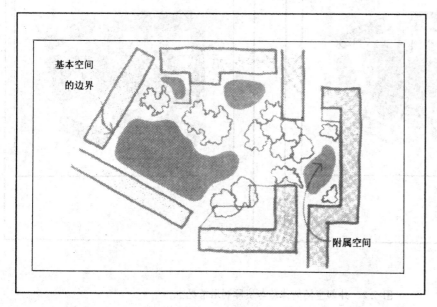

基本空间
的边界

附属空间

外部空间一
般由基本空间和
附属空间构成

图 5.1a

图 5.1b 基本空间

　　附属空间指一些能减小空间尺度并造成亲
切感的附属要素所创造的一个"空间内的空间"

图 5.1c 附属空间

图 5.1 外部空间及其构成要素

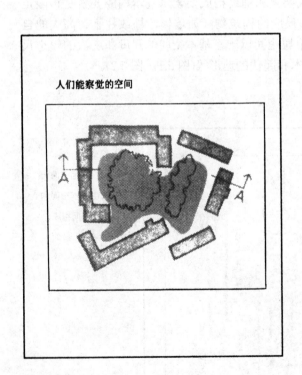

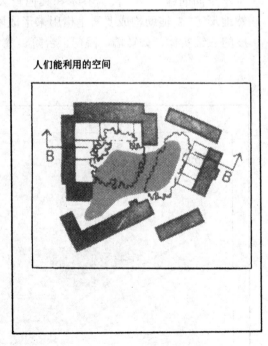

图 5.2 外部空间的体验与实际利用情况

第二节　空间的限定、类型、层次和变化

空间的限定

外部空间的形成一般具有三种基本的限定方式：围合、占领、占领间的联系（图 5.3）。

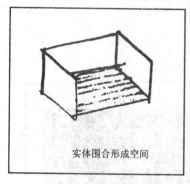
实体围合形成空间

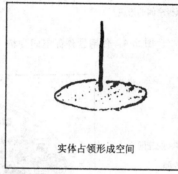
实体占领形成空间

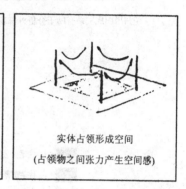
实体占领形成空间
（占领物之间张力产生空间感）

图 5.3　外部空间限定的基本方式

在住宅区的外部空间中，围合是采用最多的限定和形成外部空间的方式。围合的空间具有以下四个特点：

1. 围合的空间具有很强的地段感和私密性；
2. 围合的空间易于限定空间界限和提供监视；
3. 围合的空间可以减少破坏行为；
4. 围合的空间可以增进居民之间的交往和提供户外活动场所。

由此可以看到，围合空间所具有的特点均更适合居住生活的需求，它符合居住空间需要安全性、安定感、归属感和邻里交往的要求，易于提供亲切宜人的、可靠的生活空间，同时也为居住空间层次的形成创造了条件。

住宅区外部空间一般可分为住宅院落空间、住宅群落空间、住宅区公共街区空间和住宅区边缘空间四部分。其中，住宅院落空间、住宅群落空间和住宅区公共街区空间是规划设计着意塑造的、供居民活动使用的积极空间；而边缘空间则是一些在某些情况下不可避免地形成的消极空间。

积极的外部空间需要能给人以心理上的安定感，并让人易于了解和把握，从而使人在其中能安心地进行活动；积极的外部空间也需要具有良好的通达性，使人易于接近和到达。因此，相对完整的、较多出入口的（不论是建筑的出入口还是通路的出入口）空间是形成积极的外部空间的基本条件。图 5.4 显示了外部空间形成的图底分析方法，图 5.5 对几个住宅区进行了外部空间的构成分析。

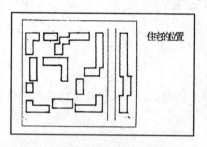

住宅的位置

将建筑物之间的空间涂成黑色，这能使人更多的意识到已经形成的空间。

住宅之间的空间

利用图底关系有助于分析外部积极空间的形成

图 5.4　住宅区外部空间分析

■ 住宅区公共街区空间

■ 住宅群落空间

■ 住宅院落空间

■ 边缘空间

图 5.5a 英国巴集顿小区

（用地 22 公顷，人口 4400 人）

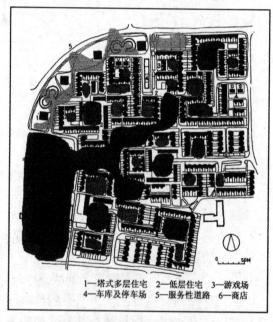

1—塔式多层住宅　2—低层住宅　3—游戏场
4—车库及停车场　5—服务性道路　6—商店

■ 住宅区公共街区空间

■ 住宅院落空间

■ 住宅群落空间

图 5.5b　成都棕北小区

（用地 12.25 公顷，人口 8450 人）

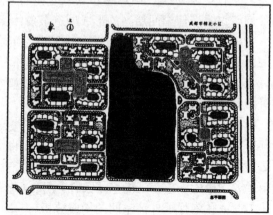

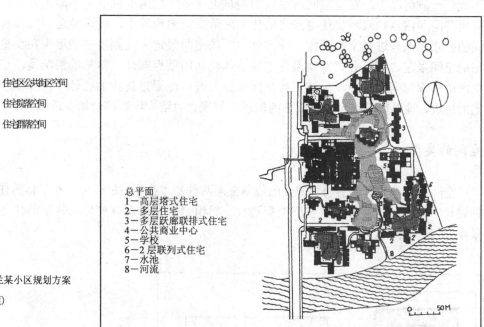

住宅区公共街区空间
住宅院落空间
住宅群落空间
总平面
1—高层塔式住宅
2—多层住宅
3—多层跃廊联排式住宅
4—公共商业中心
5—学校
6—2 层联列式住宅
7—水池
8—河流
50M

图 5.5c 荷兰某小区规划方案
(用地 6 公顷)

100 m
HANDSIDE GREEN
THE QUADRANGLE

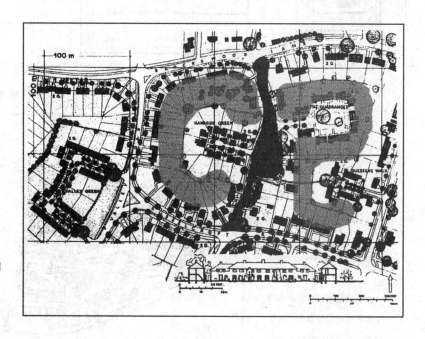

图 5.5d 英国威尔温田园城市(局部)

图 5.5 住宅区外部空间构成分析

不同的外部空间依据其不同的生活内容和规划概念，可采用不同的空间限定方式来形成。一般情况下，在住宅院落空间的构筑上较多地运用围合的空间限定方式；在住宅群落空间和由点状或塔状住宅限定的住宅院落空间的构筑中，较多地运用实体占领间空间的扩张联系来进行空间限定；而实体占领的空间限定方式则较多地运用在少量高层住宅的空间限定、街区公共空间及住宅区整体空间的重点部分，常见的情况是，在一个住宅区的外部空间构筑中，上述三种空间限定方式往往根据具体的条件（如外部环境、住宅的层数、地形地貌等）以及规划的构思（如规划的结构等）综合加以运用。

空间的类型

空间有流动的带形空间和静止的院落空间两种基本类型(图 5.6)。在具体的住宅区规划设计中往往将这两种基本空间类型进行有机组合，营造富有变化和特征的住宅区空间景观(图 5.7)。

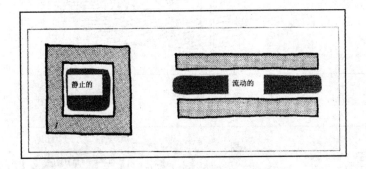

图 5.6　空间的类型

图 5.7a　日本大阪八田庄居住区

（用地 26 公顷，人口 2900 户）

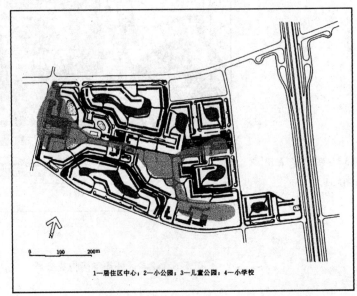

中高层住宅形成流动的带形街道空间与静止的院落空间以及自由的绿地活动空间，根据功能的不同组织形成不同的空间类型

1—居住区中心；2—小公园；3—儿童公园；4—小学校

62

院落空间

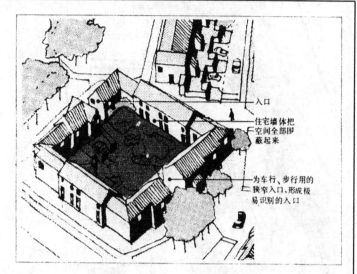

入口

住宅墙体把
空间全部隐
蔽起来

为车行、步行用的
狭窄入口，形成极
易识别的入口

线形空间

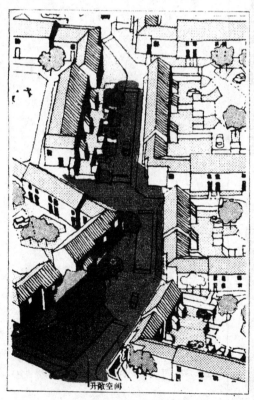

开敞空间

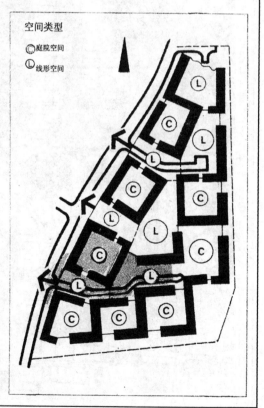

空间类型

ⓒ 庭院空间

Ⓛ 线形空间

图 5.7b₁ 英国伦敦外城区 252 户住宅区规划设计方案

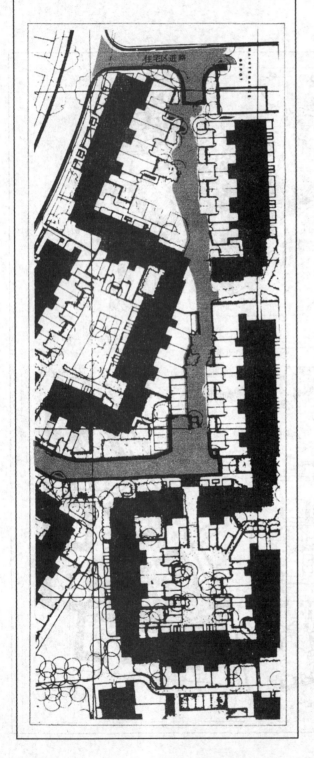

线形空间用院墙和绿化来限定。车路界线明确而规则，步行路线形自由而富于变化。

图 5.7b₂ 英国伦敦外城区 252 户住宅区规划设计方案

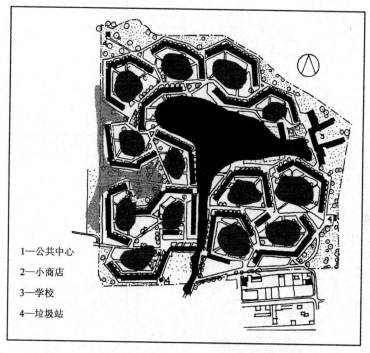

规模与尺度相似的住宅院落与住宅区整体公共性空间在规模与尺度上形成对比，住宅区整体公共性空间本身也有从线形空间向广场空间变化的特征

图 5.7c　意大利都灵法拉谢尔小区（用地 29.5 公顷，人口 3712 人）

1—公共中心

2—小商店

3—学校

4—垃圾站

图 5.7　住宅区空间类型组合示例

空间的围合程度

在本章第一节"空间的限定"中已经作过有关围合空间作用的分析，这些作用与围合空间的围合程度紧密相关。同时，院落空间以外的线形街道空间的比例尺度亦是外部空间围合程度的重要内容。

围合空间的形成及其围合的程度

围合空间形成的关键在平面。在平面上，使空间具有围合感的关键在于空间边角的封闭，不论采用哪种方式，只要将空间的边角封闭起来就易于形成围合空间。同时，在立体上，围合空间的比例则关系到空间的心理感受，过大的 D/H（建筑间距与建筑高度之比）会使人感觉不稳定甚至失去空间在平面上构筑的围合性，而过小的 D/H 会使人感到压抑。因此，营造围合空间必须对它的平面和立体关系同时进行分析。

围合空间根据其平面上围合的程度可分为强围合、部分围合和弱围合三类，根据其围合的空间比例则也可分为全围合、界限围合和最小围合三种。图 5.8 表示了空间的平面形态及其围合的程度，可以看出，越是完整的空间形态其围合感越强；图 5.9 则说明了空间立体方面的围合程度与空间比例及视角的关系，一般来说，住宅区的外部空间的 D/H 在 1 至 3 之间为宜。

弱围合

部分围合

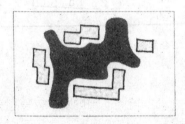

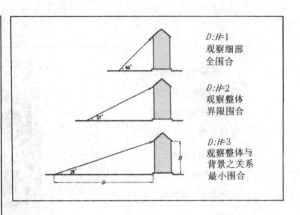

图 5.9　视角与空间的围合程度

D:H=1
观察细部
全围合

D:H=2
观察整体
界限围合

D:H=3
观察整体与
背景之关系
最小围合

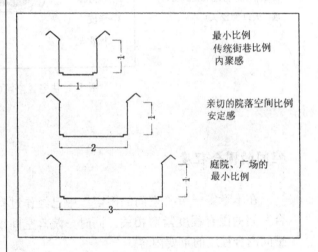

最小比例
传统街巷比例
内聚感

亲切的院落空间比例
安定感

庭院、广场的
最小比例

图 5.10　街道、院落与广场的高宽比

强围合

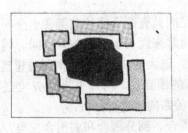

图 5.8　平面的围合程度

弱围合的空间常常用在住宅群落空间和住宅区街区空间中；部分围合的空间也常常用在住宅区街区空间的局部地段；而界限围合、最小围合的空间比例则经常出现在诸如集中绿地、商业街区等住宅群落和住宅区街区空间中。

街道空间的比例与尺度

在住宅区中，街道空间是一种不同于院落空间的线形空间，它与街道生活密切相关。根据街道所处的空间位置可以将它归入空间的不同层次中，不同功能或位置的街道具有不同意义的街道生活内容，因此，街道空间的比例与尺度应同样予以重视。

一般认为，一种使人感到亲切舒适并适宜生活的街道空间的 D/H 为 1，而 D/H 大于 4 的空间会使人感觉是一个广场或庭院。在传统的街道中，D/H 为 1 的街道空间比例一般均属于住宅街区中的生活性街道。

一般一个城市感觉亲切的外部空间距离为 20~25 米。因此可以认为，在住宅区中街道的宽度一般不宜超过这个尺度。同时，一个能够观察人行为的最大距离一般是 150~200 米，所以，住宅区中低等级的街道（或道路）其直线段一般也不宜大于这个距离（图 5.11）。

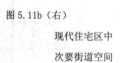

图 5.11b（右）

现代住宅区中

次要街道空间

图 5.11a

传统住宅街坊

中的街道空间

图 5.11c,d　现代住宅区中的主要街道空间

图 5.11　住宅区街道空间

居住生活与空间层次的构筑

住宅区空间的层次问题已经在第三章"住宅区规划结构"中涉及过。在这里重点论述发生在各个空间层次中的生活活动（居住行为）与空间层次构筑的关系问题。

住宅区居民的生活活动一般可分为个人性活动和社会性活动或必要性活动和自发性活动两类。而以上两种分类是相互重叠的，如上学，既是个人性活动又是必要性活动；如交往，既是社会性活动也是自发性活动，等等。

　　社会性活动和自发性活动是住宅区规划设计所期望达到的社区文明目标的重要内容。如果考察住宅区各个空间层次中的生活活动就可以发现，每一空间层次都有相对固定的自发性社会活动和个人生活活动内容，如在半私密空间中的幼儿和儿童游戏活动、邻居间的交往活动；在半公共空间中的老年人健身、消闲活动，邻里交往、散步，青少年的体育活动以及家庭的休闲活动。自发性活动只有在适宜的空间环境中才会发生，而社会性活动则需要有一个相应的人群能够适宜地进行活动的空间环境，这样的一种"适宜的"空间环境的塑造除了形式、比例、尺度等设计因素外，首先要考虑与这种活动相关的适宜的空间层次的构筑。

　　空间的围合程度和各层次空间的衔接点的处理是构筑有层次的空间的关键。往往围合程度越强的空间暗示着空间的私密性越强，而围合程度越弱的空间则具有越强的公共性（图 5.12）。空间层次构筑实例见图 5.13。

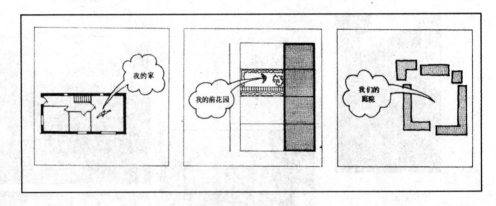

图 5.12a

　　领域感与空间层次会给予居民个人自豪感。营造空间的层次能使空间个人化并让居民去体现他们的个性。给予居民一个清晰的属于他的空间领地概念，将有助于减少破坏行为

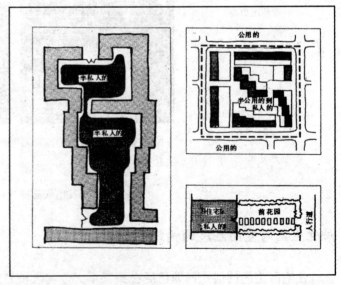

图 5.12　空间的层次

图 5.12b

68

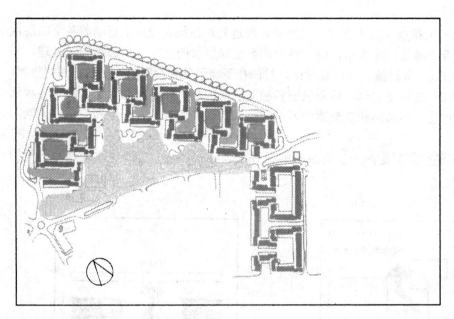

图 5.13a 英国萨里·波拉特山米切姆小区

（用地 16.5 公顷，人口 3485 人）

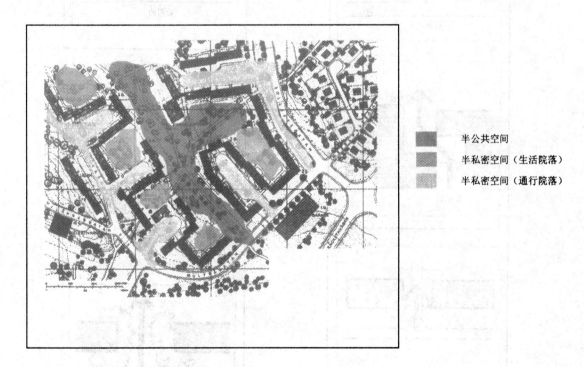

■ 半公共空间

■ 半私密空间（生活院落）

■ 半私密空间（通行院落）

图 5.13b 瑞典斯德哥尔摩魏林比居住区

图 5.13 空间层次构筑实例

各层次空间衔接点（或称空间节点）是否经过处理在很大程度上影响着各空间层次是否真正存在及所能起到的实际作用。界定两个空间层次的空间节点必须经过处理，不论是采用何种方式，如过渡、转折或对比，目的在于暗示某种空间的性质和空间的界限，使人有"进与出"的感觉变化，从而保证各空间层次的相对完整和独立性，满足各种活动对空间的领域感、归属感和安全感的要求，使人们在其中自然、舒适和安定地生活与活动。

图 5.14 说明了界定两个空间层次的几种处理方式，各类空间层次处理示例见图 5.15。

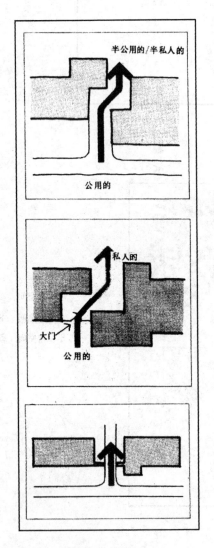

图 5.14a　转折与设门

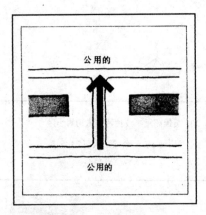

图 5.14b　两个空间间缺乏层次界定

图 5.14c　过街楼与种植植物

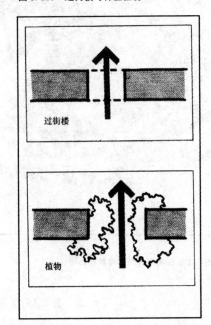

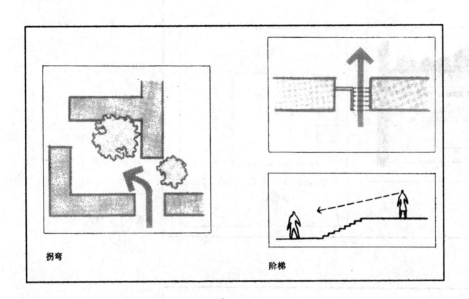

图 5.14d 拐弯与阶梯

拐弯

阶梯

图 5.14e₁

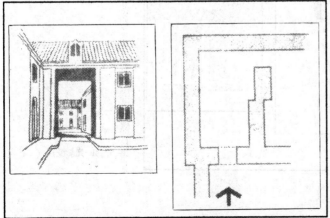

图 5.14e₂ • 图 5.14e 为景框处理。

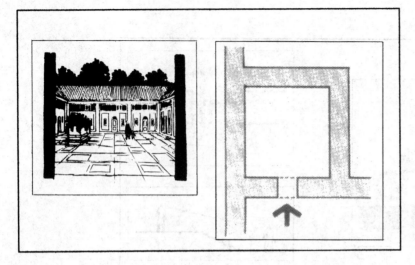

图 5.14f 堵死

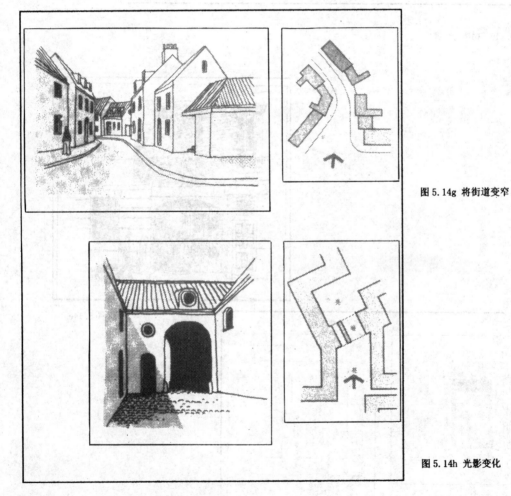

图 5.14g 将街道变窄

图 5.14h 光影变化

72

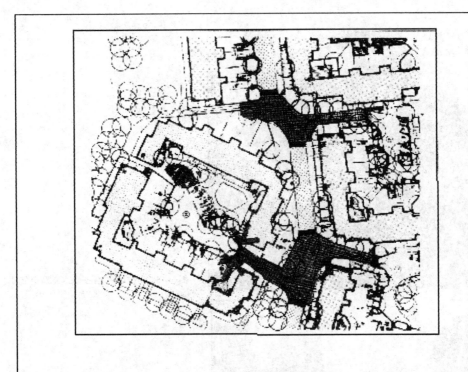

图 5.14i₁ 某住宅院落平面

·图 5.14i 显示住宅院落的半私密空间由住宅围合而成，矮墙与植物限定出入口，界定出与半公共空间之不同，并用不同的地面铺装表示出入口周围的空间特**点**

图 5.14i₂ 某住宅院落透视

图 5.14 界定两个空间层次的几种处理方式

图 5.15a　用围墙限定住户院子的私密空间

图 5.15b　用植物限定住户院子的私密空间

图 5.15c,d　用敞廊、台阶和门斗作为住户
私密空间与外部公共空间的过渡

· 图 5.13e 为美国西斯曼·黑纽住宅区
　　　（用地 1.46 公顷，人口 120 户）。

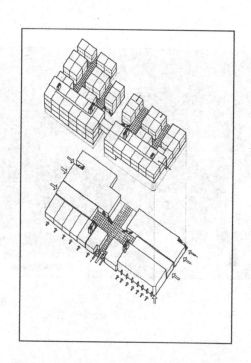

　　　　　图 5.13e₁　轴测

　　　　　住宅区平台为生活院落（上图）

　　　　　住宅区地面层为车行院落和停车
场，沿街为底层商店（下图）

图 5.15e₂　实景

住宅区院落人口采用
过街楼界定内外不同的空
间层次（上图）

住宅区的二层生活院
落成为安静、安全的儿童
活动空间（下图）

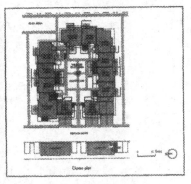

图 5.15f₁　建在停车库屋面

　　　　　　上的生活院落

图 5.15f₂ 实景

· 图 5.15f　为美国斯通尼·格里克住宅区

　　　　　　（用地 5 公顷，人口 80 户）。

图 5.15g

图 5.15g, h, i　为几个易于监护与交往的院落

图 5.15h

图 5.15i

76

图 5.15j 住宅院落以及其中的儿童游戏场地

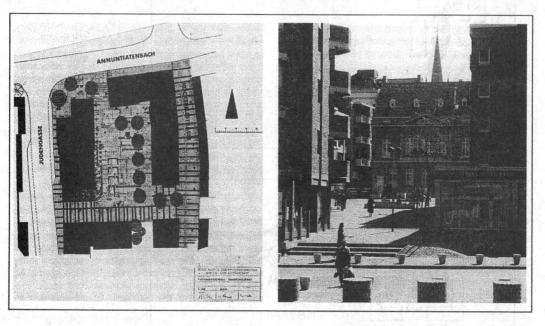

图 5.15k 公共与半公共空间之限定

图 5.15 各类空间层次处理示例

空间的变化

　　住宅区空间的变化可以从变化空间的形状、大小、尺度、围合程度、限定要素以及改变建筑的高度和类型来实现，从而产生不同的空间效果，各种不同性质的空间可以通过大小对比、围合要素的改变来加以区别，相邻两空间可用渐变或突变方式来连接（图5.16）。

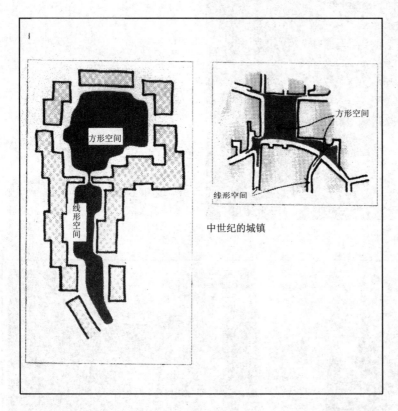

图 5.16a₁ 变化空间的
类型

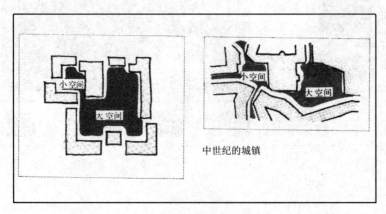

图 5.16a₂ 变化空间的大
小与尺度

・ 图 5.16a 为变化空间形状和大小。

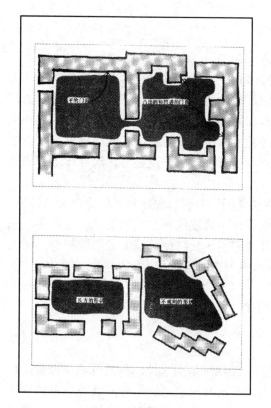

图 5.16b 变化围合住宅的类型 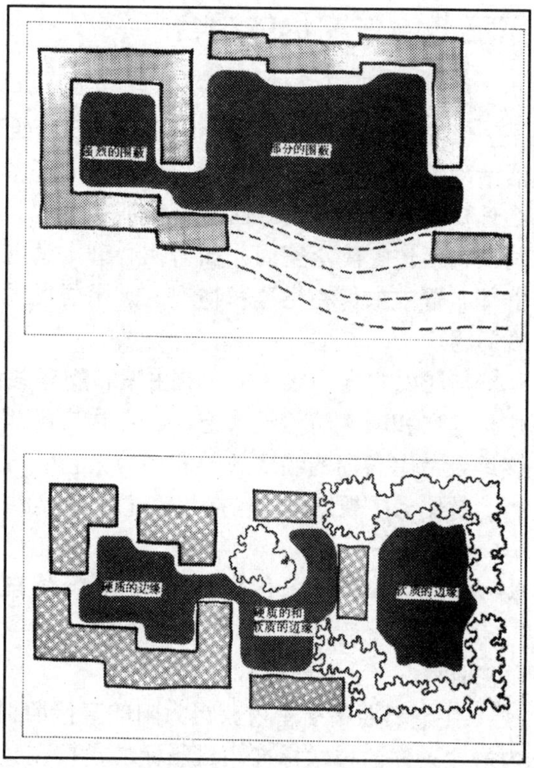　　　　　　　　　　图 5.16c 变化空间围合的要素

图 5.16d 变化建筑的高

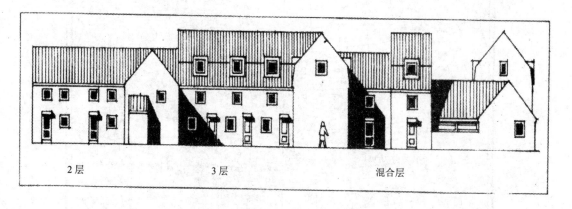

2层　　　　　　　　3层　　　　　　　　混合层

图 5.16　住宅区空间变化的各种处理

第三节　住宅群体组合

　　住宅建筑群体空间组合应该考虑三方面的因素：①构筑适宜在其中进行各类户外生活活动的空间环境；②满足住户户内的基本生理和物理要求，满足住宅间基本的安全和心理要求；③形成良好而富有特征的景观。本章第二节中已经详细论述了住宅区户外空间（包括住宅院落空间）如何在心理上适应各类生活活动的问题，本节着重论述在住宅群体布置中如何在生理和物理上满足居民的户内外居住要求以及住宅建筑群体组合的景观问题。

　　与居民户内外居住生活的生理和物理条件相关的因素有日照、日照间距、自然通风、住宅朝向和噪声防治五个方面。在住宅区规划设计中通过何种方式来满足这些条件，应该综合考虑长期的经济效益和环境效益，充分地利用自然条件、最大可能地减少环境负担，是住宅区规划设计包括住宅建筑设计必须慎重考虑的问题。

影响居民户内外居住生活的生理和物理因素

住宅日照

　　住宅日照指居室内获得太阳的直接照射。日照标准是用来控制住宅日照是否满足户内居住条件的技术标准。日照标准是按在某一规定的时日住宅底层房间获得满窗的连续日照时间不低于某一规定的时间来规定的。国标《城市居住区规划设计规范》中根据我国不同的气候分区规定了相应的日照标准(图 5.17，表 5-1)，同时还要求一套住房中必须有一间主要居室满足日照标准。

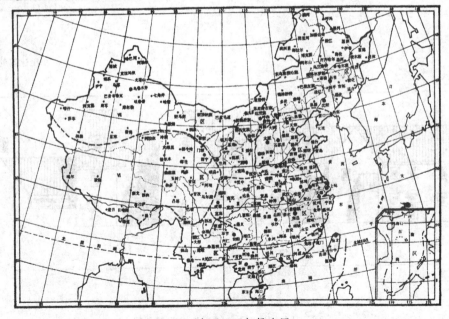

图 5.17　我国日照气候分区

表 5-1	我国住宅建筑日照标准				
建筑气候区划	I，II，III，VII气候区		IV气候区		V，VI气候区
	大城市	中小城市	大城市	中小城市	
日照标准日	大寒日			冬至日	
日照时数（小时）	≥2	≥3			≥1
有效日照时间带（小时）	8~16				9~15
计算起点	底层窗台				

注：建筑气候区划应符合图5.17的规定。

日照间距

日照间距是指前后两排房屋之间，为了保证后排的住宅能在规定的时日获得所需的日照量而必须保持的距离。

日照间距的确定是以太阳的高度角与方位角为依据，利用竿影日照图的原理来求取的（图5.18，图5.19）。

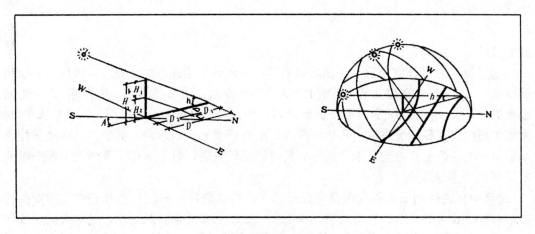

图 5.18　竿影日照图原理

求影长公式为　　　　　　　　　　$D = H \cdot \cot h$

其中　D ——影长；

　　　H ——竿的高度；

　　　h ——太阳的高度角。

求日照间距公式为　　　　　　　$D = (H - H') \cdot \cot h$

其中　D —— 日照间距；

　　　H —— 前排房屋的高度；

　　　H' —— 后排住宅底层窗台的高度；

　　　h —— 　规定时日的太阳高度角。

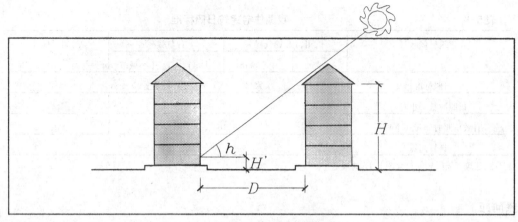

图 5.19 日照间距的计算图示

日照间距一般采用 *H:D*（即前排房屋高度与前后排住宅之间的距离之比）来表示，经常以 1:1.0, 1:1.2, 1:0.8, 1:2.0 等形式出现，它表示的是日照间距与前排房屋高度的倍数关系。如前排房屋为六层，高度为 18 米，要求日照间距是 1:1.2，则该日照间距的实际距离应是 21.6 米。

住宅间距

住宅间距包括住宅前后（正面和背面）以及两侧（侧面）的距离。对低层、多层和高度小于 24 米的中高层住宅，其前后间距不得小于规定的日照间距，其两侧间距考虑通道和消防要求一般侧面无窗时不得小于 6 米，侧面有窗时不得小于 8 米。对高度大于 24 米的中高层住宅和高层住宅，其后面的间距应作日照分析后确定，其前面的间距应按照其前面住宅的高度来决定是采用规定的日照间距还是进行日照分析，其侧面间距一般要求不小于 13 米。

建筑间距的控制要求不仅仅是保证每家住户均能获得基本的日照量和住宅的安全要求，同时还要考虑一些户外场地的日照需要，如幼儿和儿童游戏场地、老年人活动场地和其他一些公共绿地，以及由于视线干扰引起的私密性保证问题。

任何一种建筑形式和建筑布置方式在我国大部分地区均会产生终年的阴影区（图 5.20）。终年阴影区的产生与建筑的外形、建筑的布置有关，因此，在考虑建筑外形的设计和建筑的布局时，需要对住宅建筑群体或单体的日照情况进行分析，避免那些需要日照的户外场地处于终年的阴影区中。

由视线干扰引起的住户私密性保证问题，有住户与住户的窗户间和住户与户外道路或场地间两个方面。住户与住户的窗户间的视线干扰主要应该通过住宅设计、住宅群体组合布局以及住宅间距的合理控制来避免，而住户与户外道路或场地间的视线干扰可以通过植物、竖向变化等视线遮挡的处理方法来解决（图 5.21）。

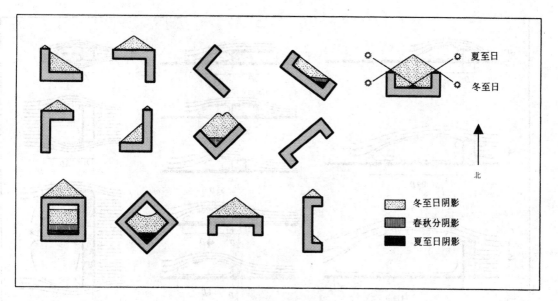

图 5.20　建筑阴影区分析

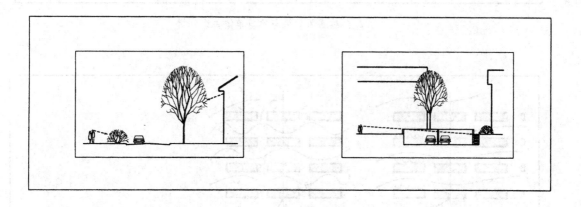

图 5.21　考虑住户私密性的布置示例

自然通风

　　自然通风是指空气借助风压或热压而流动，使室内外空气得以交换。住宅区的自然通风在夏季气候炎热的地区尤为重要，如我国的长江中下游地区和华南地区。

　　与建筑自然通风效果有关的因素有以下几个方面：

　　1. 对于建筑本身而言，有建筑的高度、进深、长度、外形和迎风方位(图 5.22)；

　　2. 对于建筑群体而言，有建筑的间距、排列组合方式和建筑群体的迎风方位(图 5.23)；

　　3. 对于住宅区规划而言，有住宅区的合理选址以及住宅区道路、绿地、水面的合理布局(图 5.24，图 5.25)。

83

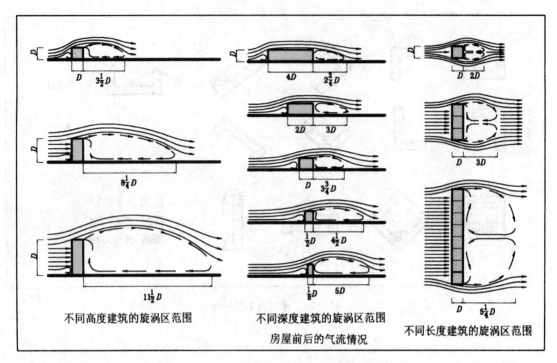

不同高度建筑的旋涡区范围　　　不同深度建筑的旋涡区范围　　　不同长度建筑的旋涡区范围
房屋前后的气流情况

图 5.22 自然通风效果与建筑单体关系分析

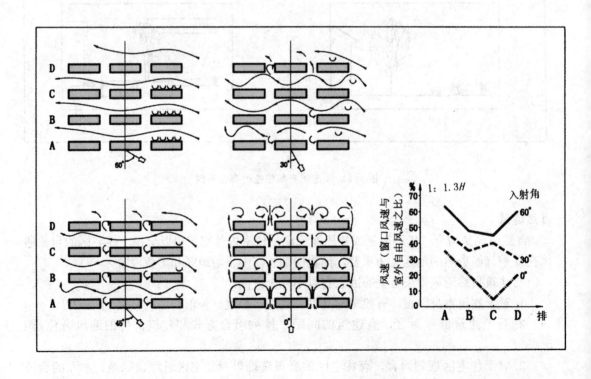

图 5.23a 间距为 1.3H时的气流情况

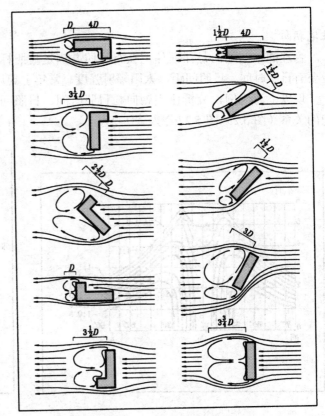

图 5.23b　不同形体、
不同布置的建筑周围的气
流情况

图 5.23　自然通风效果与建筑单体、建筑群体关系的分析

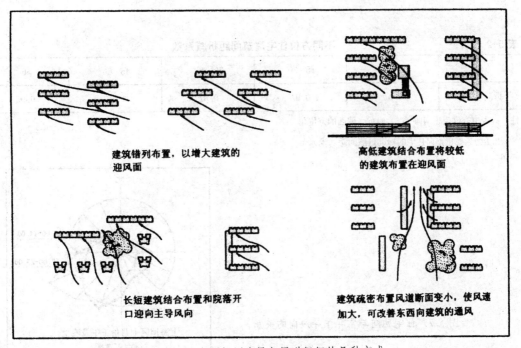

建筑错列布置，以增大建筑的
迎风面

高低建筑结合布置将较低
的建筑布置在迎风面

长短建筑结合布置和院落开
口迎向主导风向

建筑疏密布置风道断面变小，使风速
加大，可改善东西向建筑的通风

图 5.24　住宅群规划布局与风道组织的几种方式

住宅朝向

合理的住宅朝向是保证住宅获得日照并满足日照标准的前提。影响住宅朝向的因素主要有日照时间、日照间距、太阳辐射强度、常年主导风向和地形等。

现以上海为例，分析住宅朝向与日照时间、日照间距、太阳辐射强度、常年主导风向的关系（图5.25~图5.27以及表5-2）。

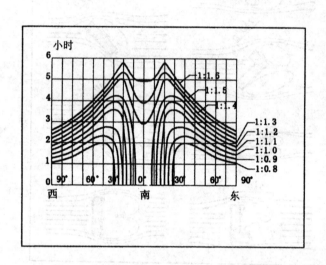

图5.25 住宅朝向与日照时间、日照间距的关系

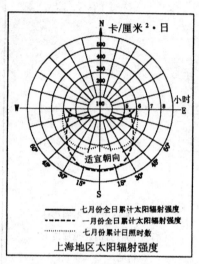

图 5.26
住宅朝向与太阳辐射强度的关系

表 5-2   不同方位住宅建筑间距折减系数

方位	0°~15°	15°~30°	30°~45°	45°~60°	>60°
折减系数	1.0L	0.9L	0.8L	0.9L	0.95L

注：1. 表中方位为正南向（0°）偏东、偏西的方位角。

　　2. L为当地正南向住宅的标准日照间距（米）。

图5.27 住宅朝向与常年主导风向的关系

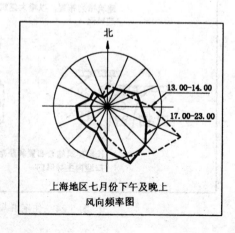

上海地区七月份下午及晚上
风向频率图

噪声防治

　　住宅区的噪声源主要来自三个方面：交通噪声、人群活动噪声和工业生产噪声。住宅区噪声的防治可以从住宅区的选址、区内外道路与交通的合理组织、区内噪声源相对集中以及通过绿化和建筑的合理布置等方面来进行。

　　交通噪声主要来自区内外的地面交通的噪声，当然对来自空中的交通噪声也必须在住宅区选址时加以注意。对于来自区外的城市交通噪声主要采用"避"与"隔"的方法处理；而对于产生于区内的交通噪声则通过住宅区自身的规划布局在交通组织和道路、停车设施布局上采用分区或隔离的方法来降低噪声对居住环境的影响。

　　住宅区交通噪声防治示例见图5.30。

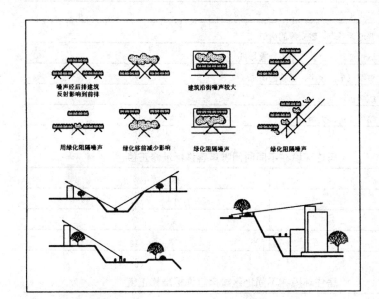

图5.28a

噪声经后排建筑反射影响到前排　　建筑沿街噪声较大

用绿化阻隔噪声　绿化移前减少影响　绿化阻隔噪声　绿化阻隔噪声

图5.28b

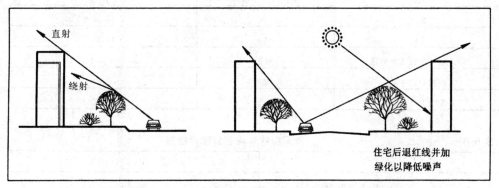

直射

绕射

住宅后退红线并加绿化以降低噪声

图5.28　住宅区交通噪声防治示例

　　住宅区的人群活动噪声主要来自于区内的一些公共设施，如学校、菜市场和青少年活动场地等。这些噪声强度不大，间歇而定时出现，同时在许多情况下考虑到居民使用的近便而需要将这些场地靠近住宅。因此，对于这些易于产生较大的人群活动噪声的设施，一般在居民使用便利的距离内，考虑安排在影响面最小的位置并尽量采取一定的隔离措施。

工业生产噪声主要来自于住宅区外或少量现已存在的工厂，即使住宅区内需要安排一些生产设施也应该是对居住环境影响极小的那类（包括噪声影响）。对工业生产噪声主要采取防护隔离的措施。

噪声声压的分级见表5-3。住宅区噪声允许的标准见表5-4~表5-6。

表5-3 不同声响的声压分贝级

声压级（分贝）	声源（一般距测点1~1.5米）
10~20	静夜
20~30	轻声耳语
40~60	普通谈话声，较安静的街道
80	城市道路，公共汽车内，收音机
90	重型汽车，泵房，很吵的街道
100~110	织布机等
130~140	喷气飞机，大炮

表5-4 居住环境在不同时间噪声容许标准修正值

时间	修正值（分贝）
白天	0
晚上	-5
深夜	-10~-16

表5-5 居住环境在不同地区噪声容许标准修正值

地区	修正值（分贝）	修正后的标准值（分贝）
郊区	+5	40~50
市区	+10	45~55
附近有工厂或主要道路	+15	50~60
附近有市中心	+20	55~65
附近有工业区	+25	65~70

表5-6 我国居住环境容许噪声标准

时间	A声级（分贝）
白天（上午7：00~下午9：00）	46~50
夜晚（晚上9：00~凌晨7：00）	41~45

为了有效地保证居住生活环境的质量，针对住宅区所处的位置分别实行不同的噪声控制标准。国际标准组织（ISO）制定的居住环境室外允许噪声标准为35~45分贝（A）。合理的住宅区选址，合理地组织城市交通减少其穿越住宅区的机会，合理地安排其他噪声源，必要时采取有效的手段能减少或阻隔噪声对居住生活带来的影响。

住宅群体组合与住宅区景观

住宅群体组合的基础是户外居住空间的构筑，以便为居民的户外生活活动提供良好的环境。从丰富住宅区景观和塑造住宅区景观特色的角度来说，住宅群体的组合应该考虑多样化。

平面组合的基本形式

住宅群体平面组合的基本形式有行列式、周边式、点群式、混合式和自由式五种。行列式是指条形住宅或联排式住宅按一定朝向和间距成行成列的布置形式，在我国大部分地区这种布置方式能使每个住户都能获得良好的日照和通风条件。周边式是指住宅沿街坊或院落周边布置形成围合或部分围合的住宅院场地，特别是幼儿和儿童游戏场地。点群式是指低层独立式、多层点式和高层塔式住宅自成相对独立的群体的布置形式，一般可围绕某一公共建筑、活动场地或绿地来布置，以利于自然通风和获得更多的日照。混合式一般是指上述三种形式的组合方式，常常结合基地条件用在一些较为特殊的位置。自由式是指由不规则平面外型的住宅形成的、或住宅不规则地组合在一起的群体布置形式。

组合的多样化途径
平面组合方面

住宅群体平面组合上的多样性可以从以下几个方面考虑：①空间形状的变化；②围合程度的变化；③布置形式的变化；④住宅平面外型的变化。

如果从完整的含义来看，正像本章第二节中"变化"部分所论述的那样，空间形状的变化包括了围合程度的变化、布置形式的变化和住宅平面外形的变化。如果狭义地来分析，布置形式的变化可以进一步考虑形式方面的内容，如综合采用上述行列式、周边式、点群式、混合式或自由式的布置形式，也可考虑采用这些布置形式的变体和不同的重组形式；住宅平面外形的变化可考虑除了利用不同住宅单体自身的差别外，还可以通过相同住宅单体的不同拼接形式，如长短拼接、错接、折线和曲线拼接等(图 5.29)。

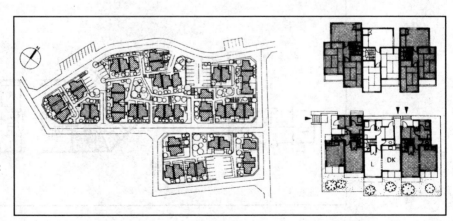

图 5.29a 低层
住宅与住宅群体
平面组合形式

图 5.29b 低层和多层住宅与住宅群体平面组合形式

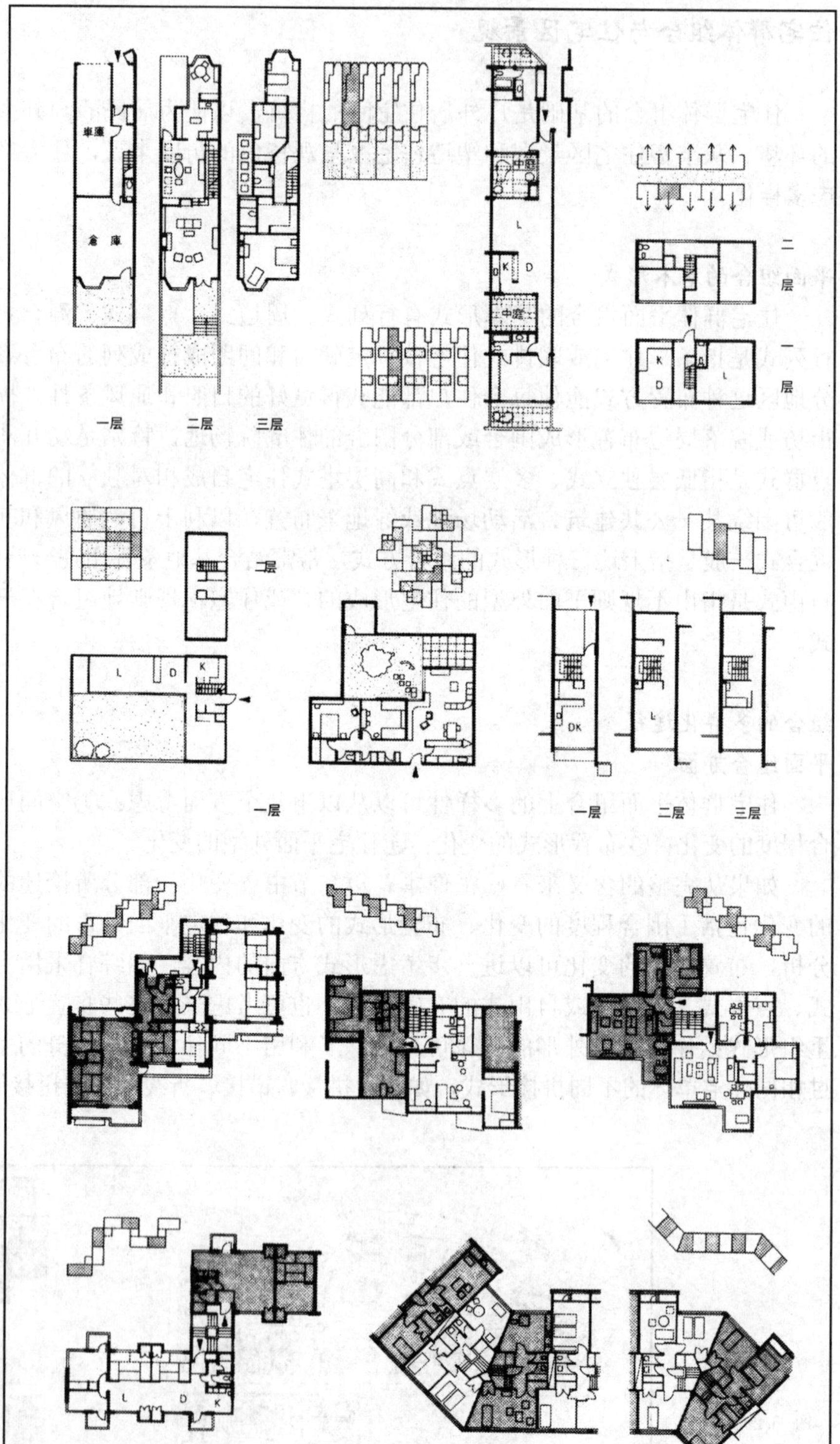

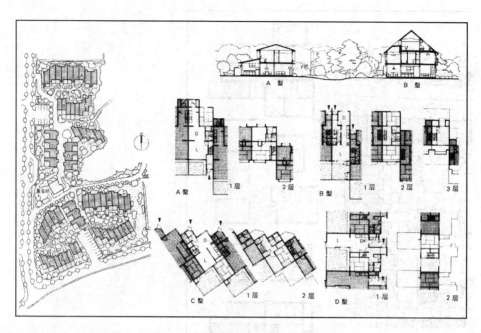

图 5.29c 低层住宅与住宅群体平面组合形式

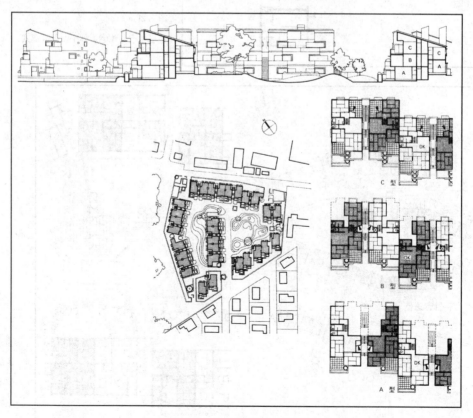

图 5.29d 低层住宅与住宅群体平面组合形式

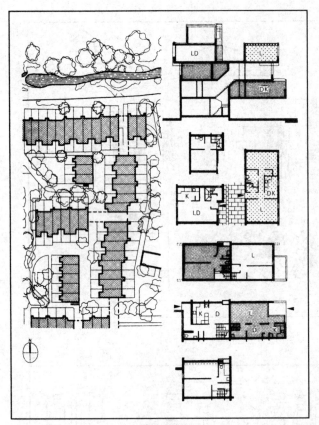

图 5.29e

多层住宅与住宅群体平面组合形式

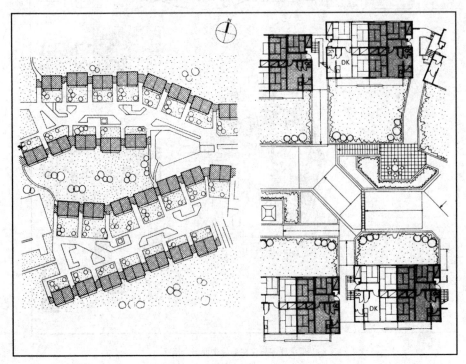

图 5.29f

多层住宅与

住宅群体平

面组合形式

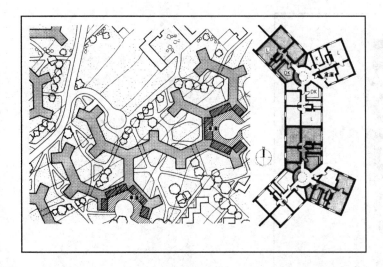

图 5.29g

多层住宅与住宅群体平面组合形式

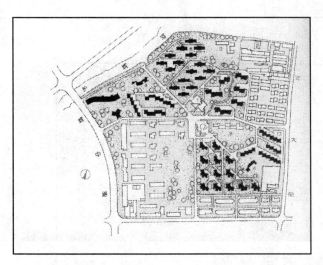

· 图 5.29h 为上海嘉定桃园新村采用五种不同的住宅类型各自构成五个不同特征的住宅群,北部住宅群采用四栋东西向跌落住宅构成一个院落,充分利用日照间距形成尺度适宜的院落空间。

图 5.29h₁ 总平面

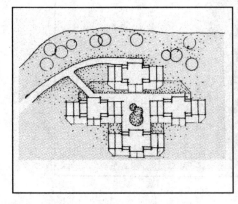

图 5.29h₂ 住宅组团

图 5.29h₃ 实景

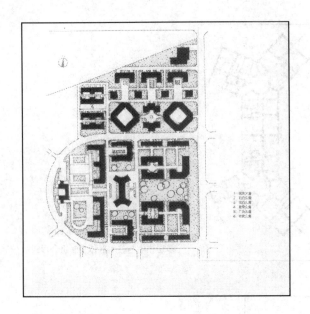

·图 5.29i 为上海古北住宅区一期。住宅采用周边式与行列式、大空间与小空间、围合型与开放型空间的组合布局，整体考虑住宅单元设计与住宅院落构筑，通过异型住宅单元组合，形成此类形态的半私密空间。

图 5.29i₁平面

图 5.29i₂ 单体组合及实景

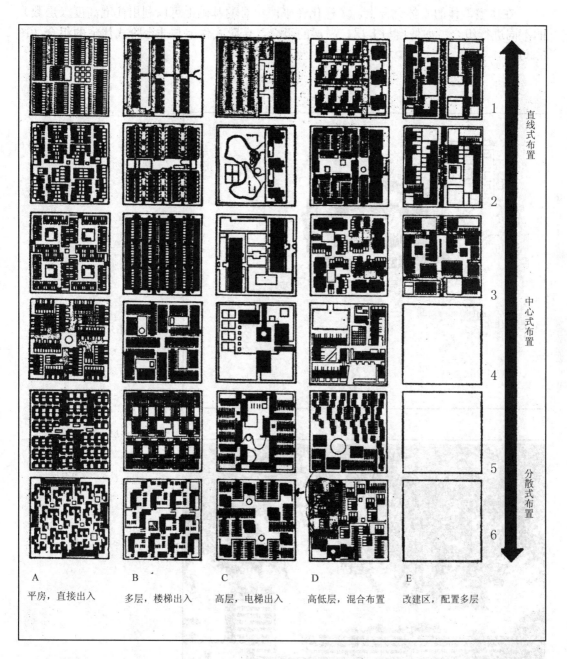

图 5.29j 各种典型的住宅布局方案

图 5.29 住宅与住宅群体平面组合形式

立体组合方面

在住宅群体的立体组合上，多样化在平面组合的基础上可以利用住宅高度（层数）的不同进行组合。如低层与多层、高层的组合，台阶式住宅与非台阶式住宅的组合（图5.30）。

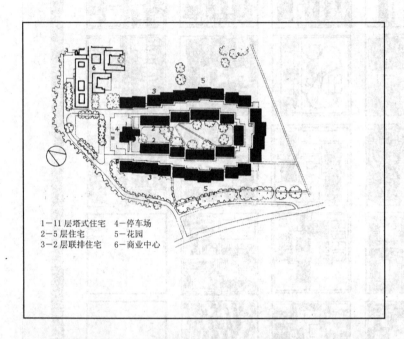

图 5.30a₁ 平面

1—11 层塔式住宅　　4—停车场
2—5 层住宅　　　　　5—花园
3—2 层联排住宅　　　6—商业中心

·图 5.30a 为丹麦赫立伯·比克伯，埃尔西诺尔住宅群(用地3.94 公顷，人口 710人)。外围低层、内圈多层、入口高层形成内部院落和街巷空间，外部形象富有层次和变化。

图 5.30a₂ 外观

图5.30b 波兰华沙司丹纳小区（用地66.6公顷，人口27000人）

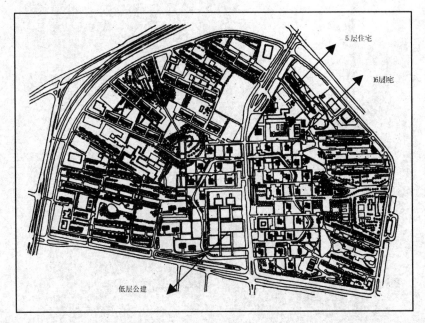

图5.30 住宅群体立体组合变化示例

[案例分析5-1] 三林苑小区，上海，1995（图5.31）

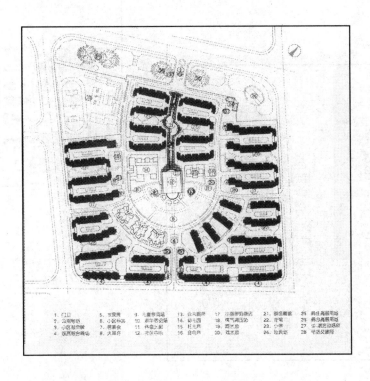

三林苑小区（用地11.92公顷、住户2092户）采用过街楼的形式围合半私密空间，车行院落与绿化院落分设，车行院落面向小区车行路开口，绿化院落则用过街楼限定车辆进入。整个小区采用条型围合的住宅院落围合成集中开放的住宅区公共空间，强化了空间的对比。

图5.31a 总平面图

图 5.31b 车行院落

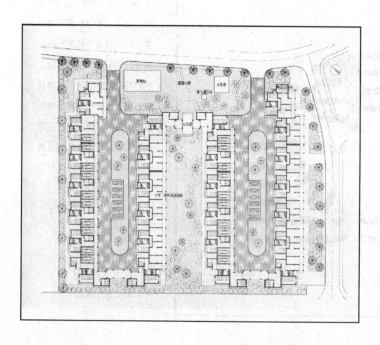

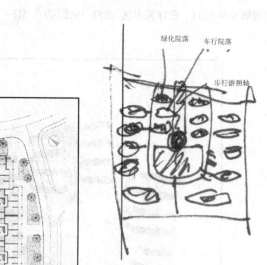

图 5.31c 住宅区空间结构

图 5.31d

典型车行院落与绿化院落平面

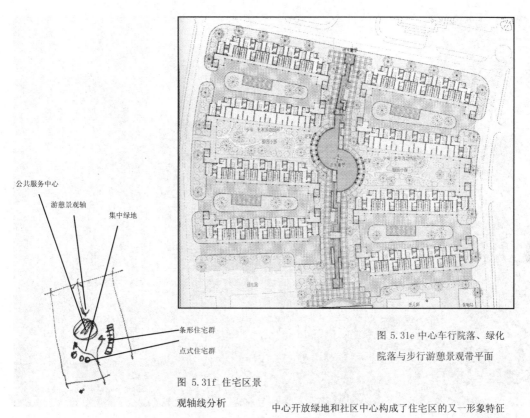

公共服务中心
游憩景观轴
集中绿地

条形住宅群
点式住宅群

图 5.31f 住宅区景
观轴线分析

图 5.31e 中心车行院落、绿化
院落与步行游憩景观带平面

中心开放绿地和社区中心构成了住宅区的又一形象特征

图 5.31g 住宅区入口景观

图 5.31h　在住宅区次要道路上看到的住宅景观

图 5.31i　　　　　　　　　　　　　　　　　　具有地方特点的住宅造型

在住宅区主要道路上看到的住宅景观　　　　　　构成了住宅区的形象特征

图 5.31　三林苑小区空间景观组合

[案例分析 5-2] 锦苑小区, 上海, 1991 (图 5.32)

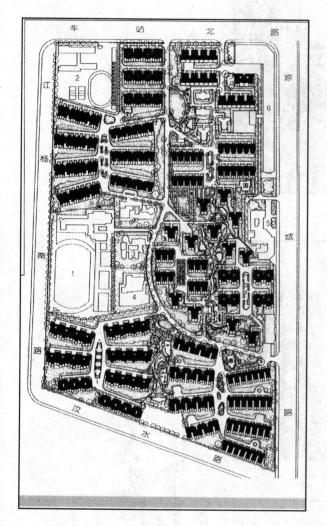

图 5.32a 总平面

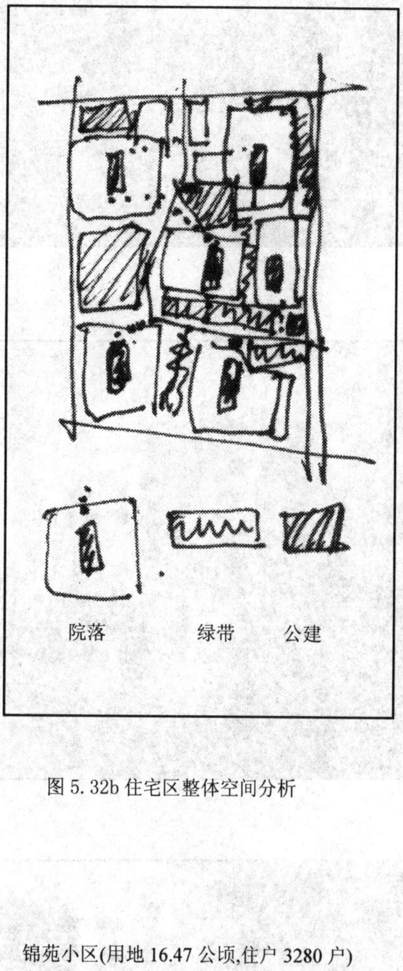

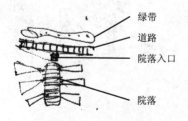

图 5.32c 住宅区基本院落空间分析

绿带
道路
院落入口
院落

图 5.32b 住宅区整体空间分析

院落　　　　绿带　　　公建

锦苑小区(用地 16.47 公顷,住户 3280 户)
采用三种住宅群体的组合形式,形成三类
不同特征的住宅院落空间。南北向带形的
住宅院落设一至两个出入口,保证了院落
空间的相对独立性与私密性,也是该住宅
群居民的主要户外活动场所之一。另外,
左右交错的绿地布局、中心的公共建筑安
排与弯曲的道路线形形成了住宅区连续、
变化的空间景观。

图 5.32d 住宅组群间的绿地

图 5.32e　主入口景观绿地

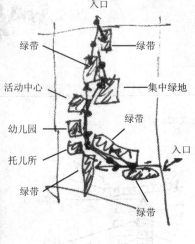

图 5.32f　街道连续景观分析

图 5.32g　主要道路旁的绿地

图 5.32　锦苑小区空间景观组合

第四节 住宅群落与公共建筑群体布局

整体空间组织首先应以住宅区整体的空间与景观规划结构为基础。在住宅区整体空间组织中住宅群落的布局应该重点从总体上考虑住宅区的开放空间形态与布局以及住宅区景观特征的塑造，住宅区公共建筑及其群体的布局应更多地考虑住宅区景观重点区域和节点的形成。

开放空间与景观体系

住宅区的开放空间体系主要由公共绿地与场地空间系统和道路空间系统组成，住宅区的景观体系则主要包括住宅与住宅群体景观、公共建筑与公共建筑群体景观、绿地景观和道路景观。各个住宅群落的布局应该以构筑住宅区的开放空间和景观体系为原则，构筑一个住宅区开放空间的界面，以具体实现住宅区整体空间与景观规划结构的意图，最终达到营造一个良好的居住环境的目的。在景观塑造方面，特殊的或变化较大的住宅群体（或群落）可以考虑安排在主要的景观位置（图 5.33）。

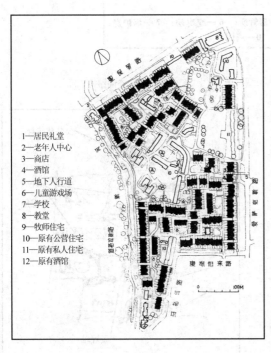

1—居民礼堂
2—老年人中心
3—商店
4—酒馆
5—地下人行道
6—儿童游戏场
7—学校
8—教堂
9—牧师住宅
10—原有公营住宅
11—原有私人住宅
12—原有酒馆

图 5.33a₁ 总平面图

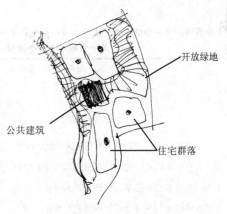

图 5.33a₂ 空间结构分析

小区公共建筑和绿化开放空间与西面的沿河绿地连接，并将住宅分为两大群落，南北各形成两个住宅院落。

• 图 5.33a 为英国伦敦马格司路小区
（用地 7.07 公顷，人口 3400 人）。

103

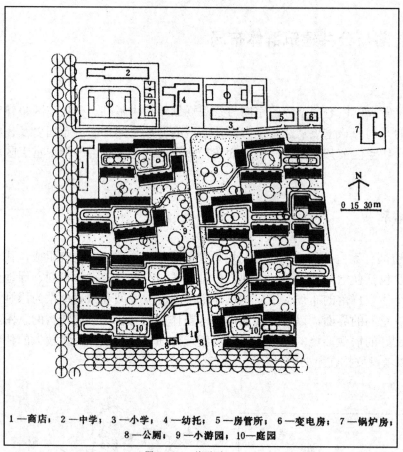

图 5.33b₁ 总平面

1—商店; 2—中学; 3—小学; 4—幼托; 5—房管所; 6—变电房; 7—锅炉房;
8—公厕; 9—小游园; 10—庭园

图 5.33b₂ 空间结构分析

· 图 5.33b 为北京黄村富强西里小区(用地 12 公顷,人口 7784 人)。小区公共建筑群位于住宅区主入口及主要道路的景观轴线上,八个住宅院落布置在轴线两侧并交错后退形成开放绿地,避免了直线形空间带来的景观单调问题。

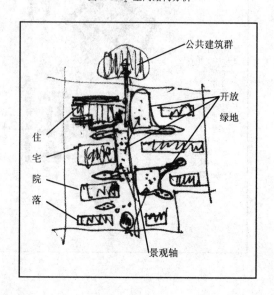

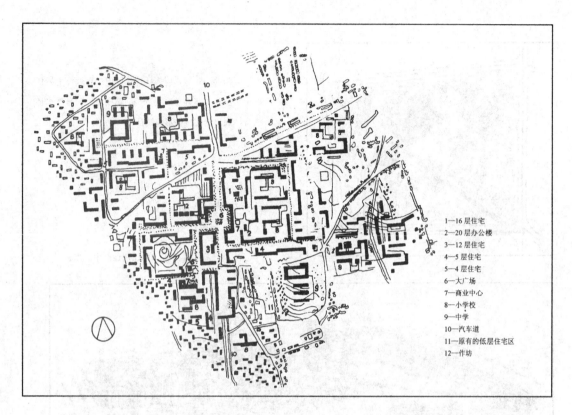

图 5.33c 法国南特附近某居住区（用地 156 公顷，人口 26000 人）将特殊的住宅群体安排在住宅区中心

1—16 层住宅
2—20 层办公楼
3—12 层住宅
4—5 层住宅
5—4 层住宅
6—大广场
7—商业中心
8—小学校
9—中学
10—汽车道
11—原有的低层住宅区
12—作坊

图 5.33 住宅群落布局与住宅区开放空间的形态和布局处理示例

公共建筑及其群体与住宅区景观

住宅区公共建筑及其群体在考虑居民使用方便的基础上，应该充分利用公共建筑及其群体与住宅建筑及住宅建筑群体在造型和形成外部空间特征上的差异，同时考虑居民使用多、可达性强等特点，将其安排在住宅区的主要景观位置，如住宅区或住宅院落出入口、住宅区或住宅院落中心、住宅区的景观轴线或制高点上等，以形成住宅区景观重点区域和景观节点。

住宅区公共建筑群体空间的构筑应该充分考虑丰富性以及与住宅区和城市空间的关系。根据各个公共建筑的不同功能进行组合并构筑不同形式、不同尺度、不同内容和意义的外部空间，以适应使用上、景观上和空间环境营造上的要求。

住宅区公共建筑群体布置的基本形式有街道型和街区型，其形成的空间有街道空间、广场空间和街区空间三种基本形式。一般而言，商业性空间不论是室内还是室外宜采用街道型的空间形式，多由中小型的商业建筑组合而成；娱乐性、服务性和管理性建筑宜以广场型的外部空间为主；而街区型空间多在一些大型的综合性住宅区公共中心中采用。

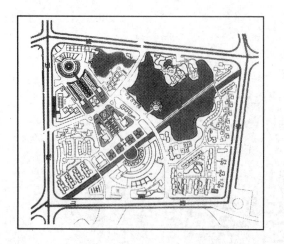

• 图 5.34a 天津梅江居住区中心选址位于居住区中央的自然水体旁,以规整的轴线布局与自然水体结合,突出居住区的形象特征。

图 5.34a₁ 天津梅江居住区中心平面

图 5.34a₂ 天津梅江居住区中心鸟瞰

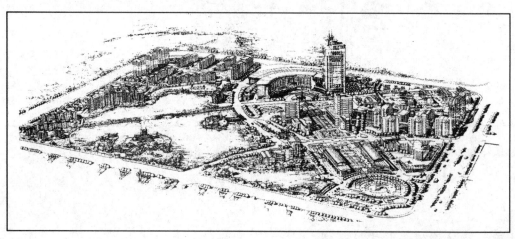

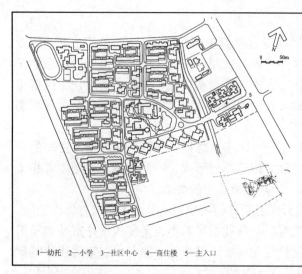

1—幼托 2—小学 3—社区中心 4—商住楼 5—主入口

图 5.34b₁ 无锡沁园新村总平面图

图 5.34b₂

• 图 5.34b 无锡沁园新村将绿地和雕塑置于新村主入口的景观轴线上,掩映绿地中的低层公共建筑,成为住宅区的景观特征。

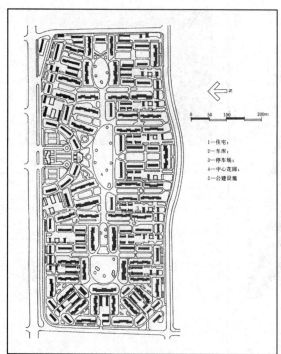

图 5.34c₁ 美国洛杉矶贝尔温得居住区总平面

• 图 5.34c 美国洛杉矶贝尔温得居住区(用地 29 公顷，住户 627 户)除了交通组织采用了明确的人车分行并组织了相应的生活院落和交通院落外，居住区公共服务建筑及其空间布局采用了与住宅院落空间对比的处理手法，从而突出了功能与空间形态的关系。

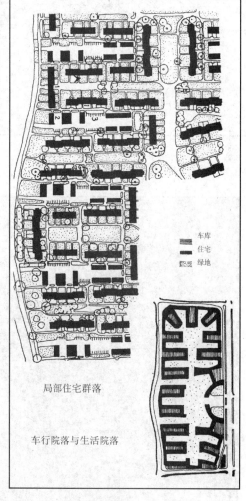

局部住宅群落

车行院落与生活院落

图 5.34c₂ 美国洛杉矶贝尔温得居住区平面、空间与交通分析

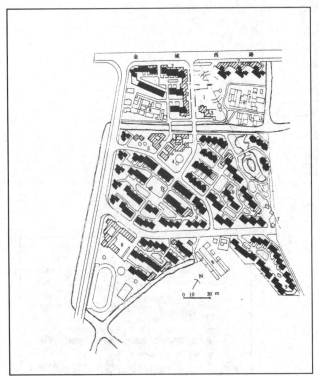

图 5.34d₁ 无锡芦庄新村总平面图

图 5.34d₂ 入口广场雕塑

入口广场及公建

绿带

住宅群落

图 5.34d₃ 住宅区整体空间分析

·图 5.34d 无锡芦庄新村以开敞的入口广场塑造住宅区的形象特征。

图5.34d₄ 无锡芦庄新村入口广场

图 5.34 公共建筑布局与住宅区景观塑造

108

[案例分析 5-3] 英国伦敦巴比坎居住区 （图 5.35）

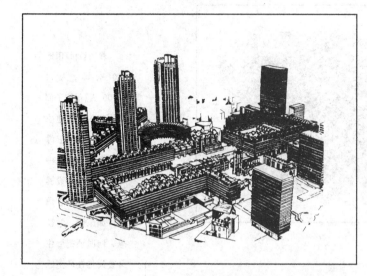

英国伦敦巴比坎居住区(用地 15.2 公顷,人口 7000 人)规划与设计的目标包括不但要建立一个居住区而且也要建立一个步行区以保护居住环境,并防止那些必须考虑的穿越该地区的交通线对居住环境带来的影响。

规划在距地面 20 英尺的高度设了一个步行层,下面是服务性车行道路,因而留出了相当数量的绿化和活动面积。

图 5.35a 居住区鸟瞰

由于该地区现状并没有可以利用的景观环境条件,因此建筑物的布局力图能显现出自己的特点。建筑高与低的变化、塔与条的变化、空间方与圆的变化、规则与不规则的变化等处理方法均被采用。

对这样一个高密度的住宅区,将部分住宅的底层架空,使平台层步行空间得以流通,既保证了各个不同空间的连续性,也避免了高密度住宅区的压抑和呆板感觉。

1—音乐歌剧学校排练厅
2—戏院　　3—音乐厅
4—图书馆和艺术展览廊
5—音乐传习所
6—公共设施　7—酒厂
8—LEB 地铁站
9—底座层下公路交叉口
10—CRIPPLEGATE 学校
11—黄金巷房产
12—学生宿舍
13—伦教女子学校
14—女子学校进修班
15—女子学校游泳池和健身房
16—女子学校网球场
17—圣盖尔教堂
18—圣盖尔广场
19—罗马墙　20—伦教博物馆用地
21—LRONMONGER 大厅
22—BARBER SURGEON 大厅
23—教堂废墟　24—底座层商店
25—住宅下商店　26—人造瀑布
27—草坪庭院　　28—湖

I	40层	Ⅵ	6层	Ⅺ	6层	ⅩⅥ	6层
Ⅱ	40层	Ⅶ	6层	Ⅻ	5层	ⅩⅦ	7层
Ⅲ	38层	Ⅷ	6层	ⅩⅢ	4层	ⅩⅧ	6层
Ⅳ	6层	Ⅷb	2层	ⅩⅢb	4层		
Ⅳb	3层	Ⅸ	5层	ⅩⅣ	6层		
Ⅴ	6层	Ⅹ	5层	ⅩⅤ	7层		

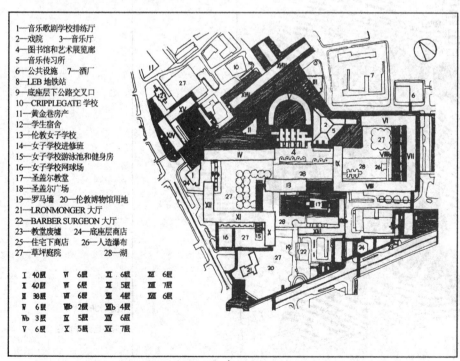

图 5.35b 居住区平面

图 5.35　英国伦敦巴比坎居住区空间分析

[案例分析 5-4] 曹杨新村,上海.1958 （图 5.36）

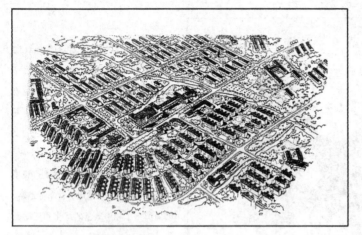

图 5.36a 居住区中心地区鸟瞰

曹杨新村(用地
180 公顷，人口
10700 人)保留了部
分原有的河道建成
环型景观游憩绿
地，并将居住区中
心和部分公共设施
设在环型绿地周
围，如医院、学校
等。同时还把居住
区公园挂在环型绿
地上，并延伸至部
分居住小区内部。

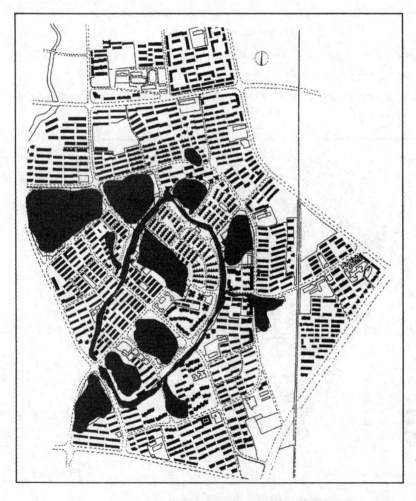

图 5.36b
居住区总平面图

图 5.36 曹杨新村空间分析

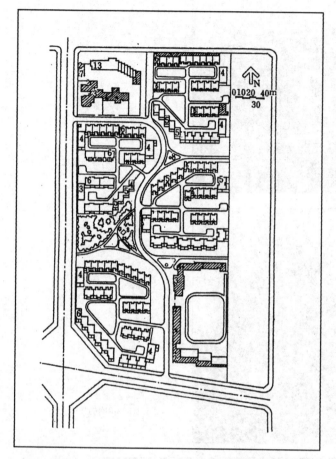

图 5.37a　总平面图

恩济里小区(用地 9.98 公顷, 人口 6226 人）运用曲线形的主路与错接的住宅建筑形成丰富的住宅区景观, 中心集中绿地则成为住宅区的中心景观焦点。

错接的住宅建筑使各个住宅组团形态各异, 并使围合的住宅院落空间均有不同的特点。

图 5.37b　入口

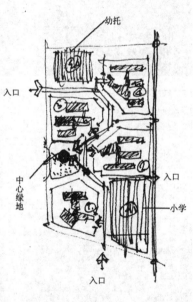

图 5.37c　空间结构分析

图 5.37d 中心绿地景观

图 5.37e 主路的景观

图 5.37f
从中心绿地看周
围建筑

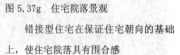

图 5.37g 住宅院落景观

错接型住宅在保证住宅朝向的基础上，使住宅院落具有围合感

图 5.37h 住宅组团入口,围墙限定了半私密空间与半公共空间的界限

图 5.37i 住宅入口,

错开的住宅单元入口

具有一定的私密性

图 5.37 恩济里小区空间分析

[案例分析 5-6]　加拿大温哥华滨水住宅区 （图 5.38 ）

图 5.38a　设于入口处的总图

图 5.38b
沿河步道

图 5.38c

围绕水面布置的

住宅群

加拿大温哥华滨水住宅区以争取最多的住户能够观赏到温哥华美丽的城市中心景观和海湾水体景观为目标，住宅面向景观面布局，住宅错接使大部分住户面向景观面。

住宅区的交通组织采用局部人车分行，把滨水道路设计成步行休闲道路，大部分车行交通置于住宅区背面并设了地下停车库，居民可通过连接地下车库和地面单元入口的楼梯到达自己的地下停车位。

图 5.38d 从住宅区内部通路上看到的市中心景观(1)

图 5.38e 从住宅区内部通路上看到的市中心景观(2)

图 5.38f　住宅背面的地下车库出口　　　　　图 5.38g　住宅区的地下车库入口

利用地形高差在住宅区背水一侧设地下车库，并在每组
住宅背面的入口处设楼梯，使停车后方便地入户

图 5.38h　院落

图 5.38i　住宅区内主路

图 5.38 j 面向水面的高层住宅群

图 5.38k 高层住宅群前的绿地

在高层住宅面水一侧的
社区中心屋面上营造人工地
形，并覆土绿化

图 5.38l 通向住宅的步行路

图 5.38m 半地下的社区中心

图 5.38 加拿大温哥华滨水住宅区空间分析

进一步阅读的材料:

1. ［波］W·奥斯特罗夫斯基. 现代城市建设. 北京: 中国建筑工业出版社, 1986, 7
2. 宋培抗. 国外现代住宅平面实例. 天津: 天津科学技术出版社, 1988.8
3. ［意］布鲁诺·塞维. 建筑空间论. 北京: 中国建筑工业出版社, 1985, 3
4. 邓述平, 王仲谷. 居住区规划设计资料集. 北京: 中国建筑工业出版社, 1996.3
5. 李哲之等. 国外住宅区规划实例. 北京: 中国建筑工业出版社, 1981.10
6. '96 上海住宅设计国际交流活动组委会. 上海住宅设计国际竞赛获奖作品集. 北京: 中国建筑工业出版社, 1997.3
7. 同济大学建筑与城市规划学院. 四十五年精粹——同济大学城市规划专业教师专业作品集. 北京: 中国建筑工业出版社, 1997.5
8. 建筑部科学技术司. 中国小康住宅示范工程集萃. 北京: 中国建筑工业出版社, 1997.2
9. 毛梓尧等译. 住宅群设计. 南京: 全国城市住宅设计研究网, 1988.10
10. "居住区详细规划"课题研究组. 居住区规划设计. 北京: 中国建筑工业出版社, 1985,9
11. 白德懋. 居住区规划与环境设计. 北京: 中国建筑工业出版社, 1993.5
12. 李雄飞等. 国外城市中心商业区与步行街. 天津: 天津大学出版社, 1990.2
13. [丹麦] 杨·盖尔. 交往与空间. 北京: 中国建筑工业出版社, 1992.1
14. [英]. G·卡伦. 城市景观艺术. 天津: 天津大学出版社, 1992,8
15. [日]. 池泽宽. 城市风貌设计. 天津: 天津大学出版社, 1989,10
16. [法] 罗兰·巴尔特. 符号学原理. 北京: 三联书店, 1988,11

思考的问题:

1. 空间层次对住宅区规划设计的影响。
2. 围合空间的作用。
3. 空间限定要素如何运用?
4. 街道生活的意义。
5. 住宅区空间的布局的基本要求。
6. 如何使住宅区的空间富有特征性和丰富性?

第六章　　　通路

通路是住宅区内外各种路径的统称，包括小径、车路和街道。通路在住宅区中的作用极为重要，它在规划结构中是住宅区的空间形态骨架，是住宅区功能布局的基础；在居民的居住心理方面，它是住宅区家居归属的基本脉络，起着"家"与"非家"的连接作用；同时它又是居民进行日常生活活动的通行通道，有着其最基本的交通功能。

第一节　　交通方式、交通组织与路网布局

通行功能是住宅区各类通路的基本功能。居民出行与区内交通方式的选择直接影响着住宅区各类各级通路的布局与连接形式，虽然受经济发展水平、生活习惯、自然条件、年龄和收入等因素的影响，不同地区、不同年龄和不同阶层的居民所选择的交通方式有不同的特征，但仍然有其一般的规律。

交通方式选择

交通方式选择的一般分析

交通方式按采用的交通工具分有机动车交通、非机动车交通和步行交通三种。居民在考虑选择交通方式时的基本要素是交通距离。影响交通距离与交通方式的相关关系的因素有体能、交通时间和交通费用三项。不同的人在其选择时对三类因素考虑的侧重点是不同的。对老年人、儿童和青少年来说，选择交通方式时体能是最主要的考虑因素；对低收入者来说，费用是其选择交通方式的主要方面；对高收入者来说，可能时间对他来说价值最高。但是，在绝大部分情况下，在比较短的距离内（一般为 500~1000 米），步行是大部分居民首选的交通方式，因为其方便、体力能够承受、而且不发生任何费用。对距离较长的出行（一般在 7 公里以上），应该采用机动车作为交通工具。在 1~7 公里的范围内，自行车交通将会是大部分拥有自行车的居民的主要交通方式，也因为其方便、体力能够承受、而且仅发生极小的、固定的非即时性费用。对那些尚未拥有自行车的居民以及老年人、儿童，他们的出行仍然将采用机动车作为交通工具。

住宅区的交通特征与类型

住宅区交通呈现出明显的生活性特征，其交通内容主要是上下班、上下学、购物、

119

服务等日常生活行为。从交通的类型上分析，主要包括居民上下班、上下学内容的通勤性交通；居民为购物、娱乐、消闲、交往等其他日常生活需要而发生的生活性交通；垃圾清运、居民搬家、货物运送、邮件投递等内容的服务性交通，以及消防、救护等的应急性交通。后两项交通均为机动车交通，发生者并不是居民本身，其中服务性交通有必须性、定时性和定量性的特征；应急性交通则有必要性和偶遇性特征，对这两类交通应该在满足其基本通行要求的前提下，保证安全并最大限度地避免对居民日常生活的干扰。前两项交通均为居民自身发生的交通，一般情况下符合上面关于居民交通方式选择的分析，对这两类交通应最大限度地达到安全、便捷、便利和舒适的要求。

住宅区居民交通方式的选择

一般情况下，住宅区的用地规模在 100 公顷以内，其范围在 1000 米左右，因此，根据住宅区交通的类型与特征和人对交通方式选择的一般规律，对于居民自身发生的内向性区内交通而言，不论是通勤性交通还是生活性交通，居民在选择交通方式时更注重的是经济性和便利性，因此选择步行和自行车交通方式占绝大多数；对于居民自身发生的外向性进出住宅区的通勤性交通和生活性交通，居民在选择交通方式时会更多地考虑交通成本、交通时间、方便程度，并综合考虑舒适与自身的经济条件等因素，交通方式的选择也会多样化，如果交通距离相对较长，居民选择自行车或机动车的比例会大大增加。

交通组织与路网布局

住宅区交通组织的方式有人车分行和人车混行两种基本方式。

人车分行

"人车分行"的交通组织方式是 20 世纪 20 年代在美国提出的，并首先在纽约郊区的雷德朋（Radbrun）居住区中实施（图 6.1）。

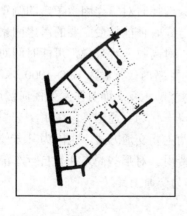

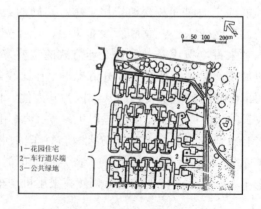

图 6.1a 美国雷德朋居住区一建成小区的交通组织

图 6.1b 美国雷德朋居住区一建成小区的组团平面

图 6.1c 美国雷德朋居住区总平面图

■ 已建成的部分

□ 未建的部分

美国纽约郊区雷德朋居住区中一小区的人车分行道路系统

图 6.1d 美国雷德朋居住区一建成小区
的道路系统

图 6.1 美国雷德朋（Radbrun）居住区的"人车分行"交通组织

建立"人车分行"交通组织体系的目的在于保证住宅区内部居住生活环境的安静与安全，使住宅区内各项生活活动能正常舒适地进行，避免区内大量私人机动车交通对居住生活质量的影响，如交通安全、噪声、空气污染等。基于这样的一种交通组织目标，在住宅区的路网布局上应该遵循以下的原则：

1.进入住宅区后步行通路与汽车通路在空间上分开，设置步行路与车行路两个独立的路网系统。

2.车行路应分级明确，可采取围绕住宅区或住宅群落布置的方式，并以枝状尽端路或环状尽端路的形式伸入到各住户或住宅单元背面的入口。

3.在车行路周围或尽端应设置适当数量的住户停车位，在尽端型车行路的尽端应设回车场地。

4.步行路应该贯穿于住宅区内部，将绿地、户外活动场地、公共服务设施串连起来，并伸入到各住户或住宅单元正面的入口，起到连接住宅院落、住家私院和住户起居室的作用。

人车分行住宅区交通组织基本单元示意见图6.2。

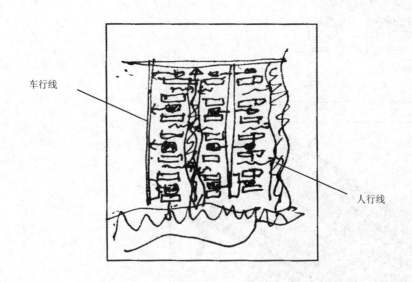

图6.2 人车分行住宅区交通组织基本单元示意

人车分行的路网布局一般要求步行路网与车行路网在空间上不能重叠，在无法避免时可以采用局部立交的工程措施。在有条件的情况下(如财力或地形)，可采取车行路网整体下挖并覆土，营造人工地形，建立完全分离、相互完全没有干扰的交通路网系统；也可以采用步行路网整体高架建立两层以上的步行路网系统的方法来达到人车分行的目的。

虽然人车分行路网布局要求避免步行路网与车行路网的重叠，但允许二者在局部位置的交叉，此时如条件许可应该采用立交，特别是在行人量大的重要地段。

122

人车分行路网规划示例见图6.3。

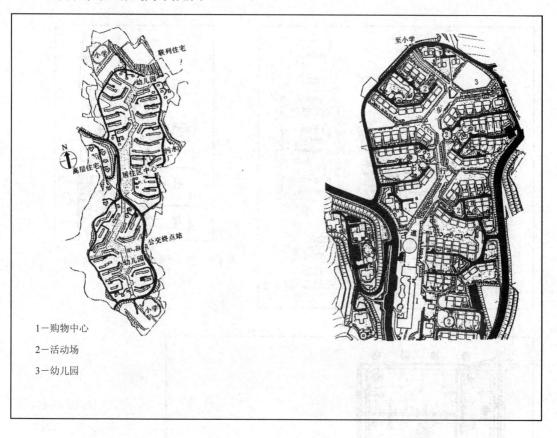

1—购物中心

2—活动场

3—幼儿园

图 6.3a₁　日本百草住宅区总平面及北片小区道路系统

日本百草住宅区利用区内自然地形高差形成东西两大片住宅区。住宅区内各住宅院落座落在不同标高的台地上，车行路外围环绕并伸入每一个院落，形成院落中的尽端道路，保证中心集中带状休息绿地不被切断，中心集中带状休息绿地同时连接住宅区的各个公共服务设施。

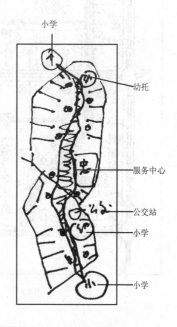

图 6.3a₂　日本百草住宅区道路交通结构示意

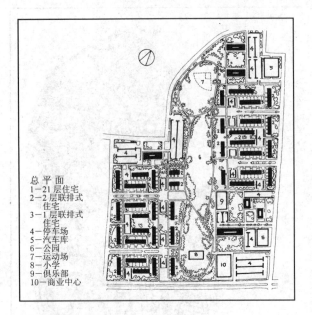

总 平 面
1—21 层住宅
2—2 层联排式
住宅
3—1 层联排式
住宅
4—停车场
5—汽车库
6—公园
7—运动场
8—小学
9—俱乐部
10—商业中心

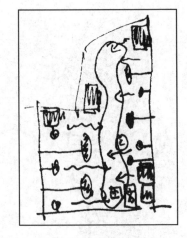

图 6.3b 美国底特律拉法耶特花园新村
总平面及交通组织示意

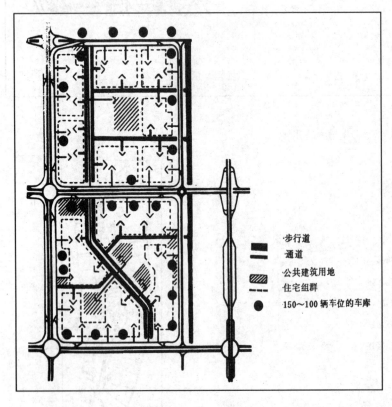

步行道
通道
公共建筑用地
住宅组群
150～100 辆车位的车库

该居住区被城
市道路划分为两个
居住小区，由一条
与城市道路立体交
叉的步行路联系。
两个小区四周设车
行环路联系各个住
宅院落，控制在城
市道路上的开口数
量。

图 6.3c 俄罗斯陶里亚帝新城
居住区交通组织示意

图 6.3 人车分行的住宅区路网规划示例

[案例分析 6-1]　　加拿大纽·温斯顿·明斯特滨河住宅区　　（图6.4）

加拿大纽·温斯顿·明斯特滨河住宅区位于宽阔的弗雷兹河北侧，对岸是自然的树林。规划在住宅区南侧沿河设置了宽敞的步行休闲带，部分挑出水面，连接服务中心和整个住宅区。车行路设于住宅区北侧，采用地下和半地下车库的停车形式，保证住宅区内部环境的舒适。

图 6.4a　滨河步行区

图 6.4b　位于住宅单元入口
　　的地下车库出入口

图 6.4c　住宅区的步行
　　与车行出入口

125

图 6.4d 住宅区滨河步行入口

图 6.4e 入户小路

图 6.4f 从住宅区公共服务中心
看到的自然景观

图 6.4g
住宅院落之间
面向河流的休
息绿地

图 6.4h
面向河流的
住宅院落

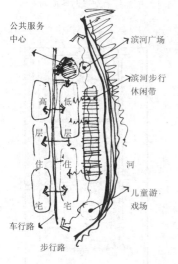

公共服务
中心

滨河广场

滨河步行
休闲带

高层
住宅

低层
住宅

河

儿童游
戏场

车行路

步行路

图 6.4i
住宅院落北面
的车行入口

图 6.4j 总体布局结构示意

图 6.4 加拿大纽·温斯顿·明斯特滨河住宅区人车分行路网规划示例

127

人车混行与局部分行

　　人车分行的交通组织与路网布局在居住环境的保障方面有明显的效果，但在采用时必须充分考虑经济性和它的适用条件，因为它是一种针对住宅区内存在较大量的私人机动车交通量的情况而采取的规划措施。在许多情况下，特别是在我国，人车混行的交通组织方式与路网布局有其独特的优点。

　　人车混行的交通组织方式是指机动车交通和人行交通共同使用一套路网，具体地说就是机动车和行人在同一道路断面中通行。这种交通组织方式在私人汽车不多的国家和地区，既方便又经济，是一种常见而传统的住宅区交通组织方式。人车混行交通组织方式下的住宅区路网布局要求道路分级明确，并应贯穿于住宅区内部，主要路网一般采用互通型的布局形式(图 6.5)。

[案例分析 6-2]：　深圳莲花居住区　(图 6.5)

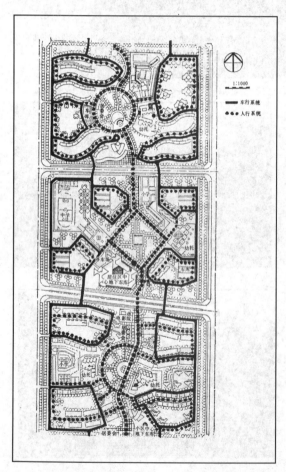

图 6.5a 深圳莲花居住区局部人车分行交通组织规划

　　深圳莲花居住区东西两侧为城市主要交通干道，因此采用设置两条平行的车行道路以避免居住区人车出入对城市交通产生影响。规划将一条南北向贯穿三个居住小区的绿化步行带设于中间，车行路设于两侧并以环状尽端的形式使车路不切断步行系统。在住宅院落中采用人车混行的交通与路网布局。

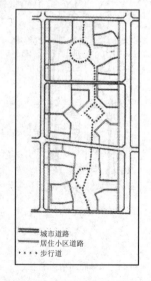

图 6.5b 深圳莲花居住区道路系统

图 6.5c 深圳莲花居住区院落中
　　　　道路的交通状况与景观

图 6.5d 深圳莲花居住区主要
　　　　道路的交通状况与景观

图 6.5e 深圳莲花居住区
　　　　步行环境与景观

图 6.5f 深圳莲花居住区
两侧车行路及停车位

图 6.5g 深圳莲花居住区位于步
行绿化环境中小区运动场

图 6.5 深圳莲花居住区人车混行与局部分行交通组织示例

住宅区交通与路网规划原则

住宅区交通组织考虑的因素包括合理处理人与车、机动车与非机动车、快车与慢车、内部交通与外部交通、静态交通与动态交通之间的关系，应使居民日常出行安全、便捷，使居民日常生活安静、舒适。在具体的规划中，如何处理这些关系应综合考虑住宅区规模、居民的交通结构，兼顾建设资金、居住环境等因素。在我国目前居民的交通结构状况下，不必过于强调将人与车（主要指机动车）完全分开而安排两套独立的路网系统。当然，随着居民生活水平和对居住环境要求的提高，完全的人车混行方式将不能符合居住需求的发展，特别是在住宅院落空间和住宅群落空间中，根据条件和需要采用人车分行与人车混行结合的交通组织方式和路网布局形式更加适用。

住宅区的路网布局规划应在住宅区交通组织规划的基础上，采用适合于相应交通组织方式的路网形式，并遵循以下原则：

1. 顺而不穿，保持住宅区内居民生活的完整与舒适

住宅区内的路网布局包括住宅区出入口的位置与数量，应该吻合居民通勤交通的主要流向，避免产生逆向交通流；应该防止不必要的交通穿行或进入住宅区，如目的地不在住宅区之内的交通穿行和误行；应该使居民的出行能安全、便捷地到达目的地，避免在住宅区内穿行。

2. 分级布置，逐级衔接，保证住宅区交通安全、环境安静以及居住空间领域的完整

应该根据通路所在的位置、空间性质和服务人口，确定其性质、等级、宽度和断面形式，不同等级的通路应该归属于相应的空间层次内；不同等级的通路，特别是机动车道路，应该尽可能地做到逐级衔接（有关住宅区道路的分级已在本章第二节中详述）。

3. 因地制宜，使住宅区的路网布局合理、建设经济

应该根据住宅区不同的基地形状、基地地形、人口规模、居民需求和居民的行为轨迹来合理地规划路网的布局、道路用地的比例和各类通路的宽度与断面形式。

4. 功能复合化，营造人性化的街道空间

住宅区的通路应该属于生活性的街道，应该同时具备居民日常生活活动包括交往活动的功能，住宅区内街道生活的营造是住宅区适居性的重要方面，也是营造社区文明的重要组成部分。

5. 空间结构整合化，构筑方便、系统、丰富和整体的住宅区交通、空间和景观网络

各类各级住宅区的通路是建构住宅区功能与形态的骨架，住宅区的路网应该将住宅、服务设施、绿地等区内外的设施联系为一个整体，并使其成为属于其所在地区或城市的有机组成部分。

6. 避免影响城市交通

应该考虑住宅区居民产生的交通对周边城市交通可能产生的不利影响，避免在城市的主要交通干道上设出入口或控制出入口的数量和位置，并避免住宅区的出入口靠近道路交叉口设置。

第二节　道路类型、分级与宽度

类型

依据住宅区交通组织的要求,住宅区内的通路有步行路和车行路两种。在人车分行的路网中,车行路以机动车交通为主兼有非机动车交通和少量步行交通,步行路则兼有步行交通和步行消闲功能,并可兼为非机动车(主要是自行车)服务;在人车混行的路网中,车行路共有机动车、非机动车和步行三种交通形式,也同时有专门的步行路系统,但一般主要是用作消闲功能。

分级、宽度与断面型式

住宅区的道路分级是按照居住区规划设计的理论,对应于相应的人口规模和用地规模来进行的,主要针对车行道路。而住宅区道路的宽度则是按照其等级来确定的。

居住区的道路通常可分为四级,即居住区级、居住小区级、居住组团级和宅间小路。

居住区级道路　居住区级道路为居住区内外联系的主要道路,道路红线宽度一般为20~30米,山地居住区不小于15米。车行道一般需要9米,如考虑通行公交时应增加至10~14米,人行道宽度一般在2~4米左右。居住区级道路多采用一块板形式,在规模较大的居住区中部分居住区级道路也可采用三块板的形式。

居住小区级道路　居住小区级道路是居住小区内外联系的主要道路,道路红线宽度一般为10~14米,车行道宽度一般为5~8米。在道路红线宽于12米时可以考虑设人行道,其宽度在1.5~2米左右。

居住组团级道路　居住组团级道路为居住小区内部的主要道路,它起着联系居住小区范围内各个住宅群落的作用,有时也伸入住宅院落中。其道路红线宽度一般在8~10米之间,车行道要求为5~7米,大部分情况下居住组团级道路不需要设专门的人行道。

宅间小路　宅间小路是指直接通到住宅单元入口或住户的通路,它起着连接住宅单元与单元、连接住宅单元与居住组团级道路或其他等级道路的作用。其路幅宽度不宜小于2.5米,连接高层住宅时其宽度不宜小于3.5米。

道路规划设计的其他规定

道路规划的其他规定为:

1.一个较大规模的住宅区(如居住小区)一般至少需要两个对外联系的通路出入口。

2.当住宅区向城市交通性干道开出入口时,其出入口之间的间距不应该小于150米。

3.当住宅区的主要道路(指高于居住小区级的道路或道路红线宽度大于10米的道路)

与城市道路相交时，其交角不宜小于 75°。

4.住宅区内应该设置为残疾人通行服务的无障碍通道，通行轮椅的坡道宽度不应小于 2.5 米，纵坡不应大于 2.5%。

5.尽端路的长度不宜超过 120 米，在尽端处应设 12 米×12 米的回车场地。

6.地面坡度大于 8%时应辅以梯步解决竖向通行，并应在梯步旁设自行车推行车道。

7.机动车道、非机动车道和步行路的纵坡应满足相应的道路纵坡要求，对机动车与非机动车混行道路的纵坡宜按非机动车道的纵坡要求控制(表 6-1)。

表 6-1　　　　　　　　　　住宅区道路纵坡控制指标（%）

道路类别	最小纵坡	最大纵坡	多雪严寒地区最大纵坡
机动车道	≥0.3	≤8.0　　L≤200 米	≤5.0　　L≤600 米
非机动车道	≥0.3	≤3.0　　L≤50 米	≤2.0　　L≤100 米
步行道	≥0.5	≤8.0	≤4.0

注：L 为坡长。

8.各类道路距建筑物边缘的距离应该满足表 6-2 的规定。

表 6-2　　　　　　　　住宅区道路边缘至建、构筑物的最小距离（米）

与建、构筑物关系 \ 道路级别		居住区道路	居住小区道路	居住组团路及宅间小路
建筑物面向道路	无出入口	高层 5　　多层 3	高层 3　　多层 3	高层 2　　多层 2
	有出入口	—	5	2.5
建筑物山墙面向道路		高层 4　　多层 2	高层 2　　多层 2	高层 1.5　　多层 1.5
围墙面向道路		1.5	1.5	1.5

注：居住区道路边缘指道路红线；小区路、组团路及宅间小路边缘指路面边线。当小区路有人行便道时，其道路边缘指便道边线。

9.沿街建筑物长度超过 160 米时应设宽度和高度均不小于 4 米的消防车通道，建筑物长度超过 80 米时应在建筑物底层设人行通道，以满足消防规范的有关要求。

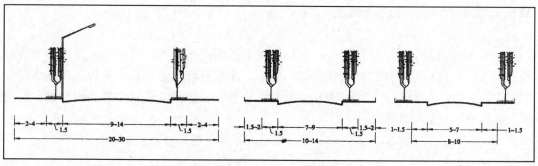

图 6.6　住宅区道路的主要断面形式

第三节　通达性、景观、街道生活

住宅区的通路起着多种作用，不论哪一级或哪一类通路均同时兼有通行、观景、休闲散步、认知定位和邻里交往等功能。通达性是通路最主要的布局要求，它是满足通路上述功能的基本条件，而通路所处的空间层次及其主体功能影响着通路的通达程度。

通达性

通达性是通路应具备的基本性质。

通路的通达性包含以下的内容：①通路的通畅性；②通路与目的地的可达性；③通路与目的地的选择性。通路的通畅性是通路设置的基本要求，它保证着通路基本功能的实现；通路与目的地的可达性保证着通路自身各种功能使用的效率和效果，以及它所服务的各类设施的使用的效率和效果；通路与目的地的选择性体现的是社会公平与实现多样化需求的目标，居民对通行路径以及在上面发生的街道生活，对提供服务的各类设施，应该具有相对同等的选择机会。

通路的通达性由以下三方面的要素所决定：

1. 通路的线型、空间比例及尺度是体现通达性的主要形态要素。一般来说，通达性要求越高的通路，其线型越平直，可见的比例及尺度也越大；线型越弯曲、转折越多，空间的比例及尺度越小，通路的通达性也越弱。

2. 通路所处的空间层次是决定通路通达性的空间要素。根据居住空间的层次原理（参见第五章"空间"），一般来说，通路所处的空间层次决定了通路的性质和等级。在私密性越强的空间中，通路的等级越低，交通性越弱，通达性也越小；反之，通达性就越强。

3. 通路所服务的对象和内容是决定通路通达性的功能要素。通路通达的设施对居民日常生活的重要程度以及居民对它的使用频率，决定了使用该通路的居民数量和该通路的使用频率。一般来说，使用的居民数量多、使用的频率高，要求通路的通达性好，也意味着公共性强。

线型、空间比例、尺度与景观

通路的线型、空间比例及尺度不仅仅取决于通路的通达性，还应该考虑通路景观以及它所表现出的对住宅区整体景观效果的影响、居民对环境的认知定位作用和在街道空间对引发自发性活动的影响，因为它关系到舒适性、特征性、丰富性等心理问题，同时也直接影响到视觉的美观问题（图6.7）。

图 6.7a   图 6.7b

•图 6.7a, b　显示了传统街道景观的吸引力。

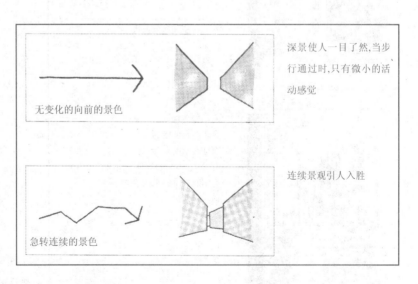

图 6.7c　单调与变化的街道景观分析

下列因素可引起人们步行
向前时的厌恶:
障碍、不悦目、单调、混
乱、平淡

厌恶单调的空间

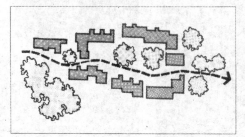

穿过令人高兴的空间

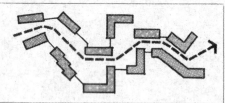

下列因素可引导人们前
进:
自然的或人工的形式;
暗示的流动的形态;
屏障物、遮蔽物、空间分
隔物、空间形式

图 6.7d

图 6.7e

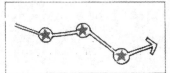

在几个空间之间前进

人们愿意前进的因素:
合乎逻辑的序列
有他喜欢的东西
有变化(如由冷至暖,由阳光至阴影)
有引起好奇的东西
向入口前进

· 图 6.7d,e 为行进中的心
理反映与景观效果。

136

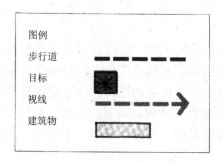

图例
步行道
目标
视线
建筑物

渐进的实现

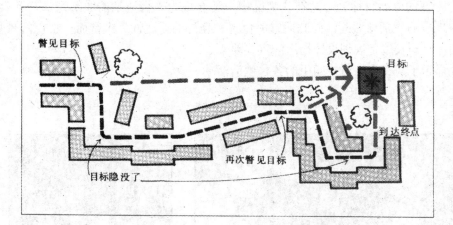

瞥见目标
目标
到达终点
目标隐没了
再次瞥见目标

强烈的效果

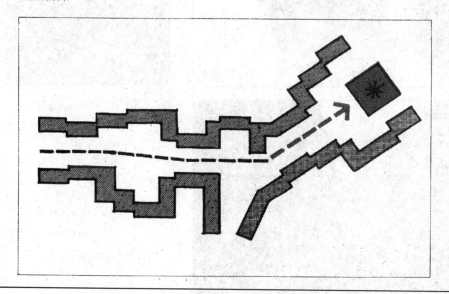

图6.7f　引导行进中的两种典型处理方法

图6.7　道路线型与景观

街道生活

　　街道生活是都市生活的重要特征。我国传统的住宅区中，街道生活丰富而有特色，它是居住文化的重要组成部分。通行、观景、休闲散步和邻里交往在我国传统住宅区中往往集于街道空间一体。街道是住宅区中一种具有特定内容的通路，并不是所有通路都能够或都应该成为"街道"。一般情况下，街道指那些两侧建筑毗邻的通路，两侧的建筑大多是居民使用频率较高、有着较多的吸引居民的设施，通行、观景、休闲散步和邻里交往往往在这类通路上同时发生。

　　住宅区的街道是居民日常生活活动不可缺少的场所，营造街道生活应该成为住宅区规划设计与管理的重要目标之一。在住宅区中，适合成为"街道"的通路是那些各类服务设施集中地段的生活性通路，同时适宜的位置、良好的通达性、丰富而具特色的景观、舒适的空间比例与尺度是规划设计街道的重要要素。

　　图 6.8 显示了居民在街道空间中的各种生活活动。

图 6.8a（上左），图 6.8b（上右）

在上海里弄里经常
能看到的各种各样的街
道生活

图 6.8c

图 6.8　街道生活的魅力

进一步阅读的材料:

1. 同济大学. 城市规划原理. 北京: 中国建筑工业出版社, 1991.11
2. 邓述平, 王仲谷. 居住区规划设计资料集. 北京: 中国建筑工业出版社, 1996.3
3. 王仲谷, 李锡然. 居住区详细规划. 北京: 中国建筑工业出版社, 1984.6
4. '96 上海住宅设计国际交流活动组委会. 上海住宅设计国际竞赛获奖作品集. 北京: 中国建筑工业出版社, 1997.3
5. 同济大学建筑与城市规划学院. 四十五年精粹——同济大学城市规划专业教师专业作品集. 北京: 中国建筑工业出版社, 1997.5
6. 建筑部科学技术司. 中国小康住宅示范工程集萃. 北京: 中国建筑工业出版社, 1997.2
7. 中国城市住宅小区建设试点丛书编委会. 中国城市住宅小区建设试点丛书—规划设计篇 1. 北京: 中国建筑工业出版社, 1994.7
8. 武汉建筑材料工业学院. 城市道路交通. 北京: 中国建筑工业出版社, 1981,12
9. 毛梓尧等译. 住宅群设计. 南京: 全国城市住宅设计研究网, 1988.10
10. [波] W·奥斯特罗夫斯基. 现代城市建设. 北京: 中国建筑工业出版社, 1986,7

思考的问题:

1. 人车分行交通组织形式的住宅区路网及空间布局的基本形式和特征。
2. 住宅区路网分级衔接的意义。
3. 人车混行的住宅区交通组织形式的优点。
4. 路网建构在住宅区规划中的作用。
5. 试对一个住宅区的交通组织和路网系统进行分析。

第七章　设施

　　住宅区的设施一般指公共服务设施、市政公用设施、停车设施、安全设施、管理设施和户外活动设施六大类。广义地说，住宅区的所有物质实体均可归属为住宅区的设施。

第一节　公共服务设施

　　一般而言，住宅区的公共服务设施可分为公益性设施和盈利性设施两大类。按其服务的内容，又可分为商业设施、教育设施、文化运动设施、医护设施、社区设施五类(表7-1)。

表 7-1　　　　　　　　　　　　　　　住宅区公共服务设施分类

类　　型	主　要　设　施	性　　质
商业设施	24 小时小型超市*、菜市场、综合百货商场、旅店、饭馆、银行、邮电局、储蓄所	盈利性
教育设施	托儿所、幼儿园、小学、普通中学	公益性
文化运动设施	文化活动中心（文化馆）、文化活动站、居民运动场	公益性、盈利性
医护设施	门诊所、卫生站、医院（200～300 床）	公益性
社区设施	社区活动（服务）中心、物业管理公司、街道办事处	公益性

　　注：*项目为具有综合功能的设施，根据不同情况可代替表中部分其他商业设施。

　　在某些情况下，公益性设施与盈利性设施的界线并不十分清晰，一些公益性的设施可能并不是纯公益性的，如某些特殊类型的教育设施和医护设施。同时，一些公共服务设施也越来越趋向于功能的综合化，因此变得很难明确地将它们划归在某一个服务内容中，如社区中心可能是上述四类公共服务设施的综合体，等等。

　　社区中心的功能定义目前尚难明确，它应该是一种集社区管理、居民服务、社区活动和社区教育为一体的综合设施。它是达到住宅区社区发展目标和社区系统组建的重要物质设施。参见第一章"意义与组成"的第三节"系统"、第二章"规划总体原则"以及第三章"规划结构"的第三节"社区系统"。

公共服务设施是满足住宅区居民日常生活需要的重要设施，它与居民的日常生活密切相关，虽然对各种设施的使用频率不同，但却必不可少。公共服务设施设置的数量和规模，配置的比例，布局的空间位置，决定了居民使用的便利程度，影响着居住生活的质量。

第二节　市政公用设施

住宅区的市政设施包括为住宅区自身供应服务的各类水、电、气、冷热、通信以及环卫的地面、地下工程设施。住宅区市政公用设施的规划应该遵循有利于整体协调、管理维护和可持续发展的原则，节地、节能、节水、减污，改善居住地域的生态环境，满足现代生活的需求。

住宅区市政设施规划考虑的主要内容是各类市政设施的配置，各类市政设施的布局和用地安排，各类市政管线的综合规划。

供水系统

住宅区的供水包括居民生活用水，各类公共服务设施用水、绿化用水、环境清洁用水和消防用水。

供水方式和供水系统是住宅区供水规划首先考虑的问题。在城市给水系统的水量和水压能够满足住宅区的用水需要时，应该采用直接由给水管网供水的方式；在城市供水系统的水量和水压不能完全满足住宅区的用水需要时，可采用设置屋顶水箱、高位水池和加压水泵的供水方式。

住宅区的供水系统一般由分类供水系统、分压供水系统和分质供水系统三种，宜根据需要和具体条件采用。分类供水指生活用水（包括居民生活用水和各类公共服务设施用水）与其他用水分两个系统供水；分压供水指高层建筑与多层、低层建筑分压供水；分质供水指优质饮用水、普通饮用水和低质水分三种水质进行供水或饮用水和其他用水分两种水质进行供水。根据不同需要采用不同的供水系统组合，目的在于减少长期的运营成本，节约能源和水资源。

在住宅区中主要的供水设施是水泵房，它对城市给水系统或周边地区供水管网在水压上不能满足住宅区供水要求的住宅区是不可缺少的。

排水系统

排水系统包括污水排水系统和雨水排水系统。对住宅区而言，污水排放主要是指生活污水的排放。住宅区在绝大多数情况下，除旧城区，均应该采用雨污分流制，即采用污水管网和雨水管网两套排水管网。住宅区的生活污水处理可以采用三种方式：①直接排入城市污水管网，至城市污水处理厂集中处理；②在住宅区中建设污水处理厂自行处理，这对规模较大的住宅区（如居住区）、周围尚未建设城市污水管网的住宅区或城市污水处理厂处理能力不够的住宅区是理想的做法，每幢或几幢住宅建一个化粪池也是一种暂时性的方法；③建立中水系统，将污水处理后回用为低质用水，如环境清洁用水、绿化用水。不论哪种处理方式，住宅区的污水必须经过处理达标后才能排放。

住宅区的雨水通常采用就近排入城市雨水管道或水体的方式。可利用住宅区中原有的自然水体作为雨洪调蓄池，并可与消防、景观用途相结合。

住宅区中的排水设施主要是污水排水泵房、雨水排水泵房和污水处理站或厂，应该根据地形和城市排水管网的竖向标高设置排水泵房的位置和用地，污水处理站或厂应该选在住宅区夏季主导风向的下风向并与住宅和公共建筑保持一定的卫生防护距离。

供电系统

住宅区的供电有建筑用电和户外照明用电两大部分，其中建筑用电中住宅用的电量最大。住宅区的供配电方式一般根据城市电网的情况而定，通常按照高压深入负荷中心的原则。住宅区进线电压等级采用 10 千伏，低压配电采用放射式供电形式，高压配电采用环网形式。

住宅区的电力设施有变（配）电所、开闭所和电缆分支箱，宜设在负荷中心附近。高层住宅一般以高压引入，配电所设在高层建筑内，低压线路采用户外电缆分支箱。

通信系统

通信现代化使居民的日常生活方式产生了许多根本性的变化。现代化的通信除包括传统的电话、电视和邮政外，还包括话音、数据、图象和视频通信合一的综合业务数字网（ISDN）和有线电视。住宅区的入网将会具备信息服务功能（INTER 网）、宽带多媒体功能、电子付费功能和远程办公功能。

住宅区内的通信设施一般包括用户光纤终端机房，约 500~1000 户预留一处（15~20平方米）；公用电话亭服务半径为 200 米；邮政局（所）服务半径不小于 500 米；每个住宅单元应设住户信报箱，也可以设由物业管理公司管理的集中收发室。

燃气系统

住宅区应实现管道燃气进户。住宅区的燃气设施有气化站或调压站，二者均要求单独设置并与其他建筑物保持一定的安全距离，调压站的服务半径一般在 500~1000 米。

冷热供应系统

住宅区的冷热供应一般有三种：①以城市热电厂或工业余热区域锅炉房为冷热源的

区域集中供应系统；②以住宅区或单栋住宅为单位建立独立的分散型集中供应系统；③以用户为单位的住户独立供应系统。

住宅区冷热供应设施有住宅区锅炉房、热换站或太阳能集热装置等。锅炉房应该设在负荷中心并与住宅保持一定的隔离。

环卫系统

住宅区环卫的主要工作是生活垃圾的收运。不同的垃圾收集方式影响着不同环卫系统设施的配置，一般采用在住宅区内布置垃圾收集点（如垃圾箱、垃圾站）的方式。垃圾收集点的服务半径不宜超过 100 米，占地为 6~10 平方米。

工程管线综合

住宅区的工程管线按照不同的性能用途、不同的输送方式、不同的敷设方式有不同的分类（表 7-2）。

表 7-2   住宅区工程管线分类

管 线 名 称	敷 设 位 置			输 送 方 式	
	地 下		架空	压力	重力
	深埋	浅埋			
给水管	★	★		★	
排水管	★				★
电力线		★	★		
电讯线		★	★		
燃气管	★			★	
热力管（蒸气、热水）		★		★	

注：深埋是指管道覆土深度大于 1.5 米。

住宅区的工程管线综合应该遵循以下原则：

1.各类管线布置应整体规划，近远结合，并预留今后可能建设的工程管线的管位。

2.各类管线应采用地下敷设的方式，走向应沿道路或平行主体建筑布置，并力求短捷，减少交叉。

3.各类管线应满足相互间水平、竖向间距和各自的埋深的要求。

4.当综合布置地下管线发生矛盾时，应采取的避让原则为：压力管让重力管、小管径让大管径、易弯管让不易弯管、临时管让永久管、小工程量让大工程量、新建管让已建管、检修少而方便的管让检修多而不易修的管。

道路管线布置示意见图 7.1。

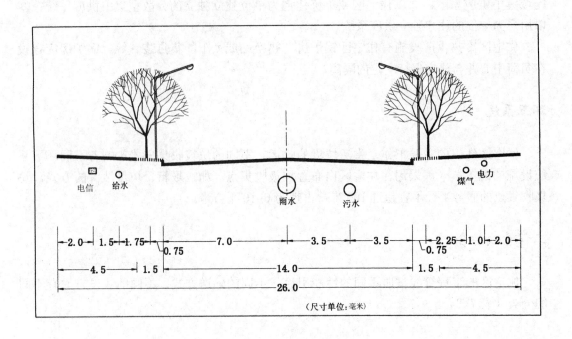

（尺寸单位：毫米）

图 7.1　道路管线横断面布置示意

管线共同沟是一种容量大、检修方便、更新增添工程量小的管线地下敷设形式，在条件许可的情况时应该推荐采用（图 7.2）。

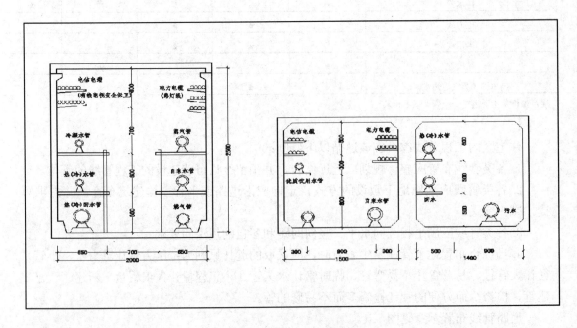

图 7.2　管线共同沟示意

144

住宅区水、电、燃气、冷热供应的标准应该根据不同地区的生活水平、气候条件等因素综合考虑。住宅区的各类市政工程设施的安排应该充分考虑节约用地的原则。

第三节　停车设施

住宅区的停车设施规划应该重点考虑四方面的因素：服务的对象，服务的车种、停车的方式和设施的布局。

服务对象

住宅区停车设施的服务对象包括区内居民私人停车、区内各类设施的服务停车、通勤车、来访车、出租车和其他外来车辆的临时停车三大类，其中以居民的私人停车量最大。

居民的私人停车量与各住宅区居民的收入、城市的道路交通状况以及生活习惯等因素有关。居民会根据自己的收入水平、消费观念、工作与居住地点的距离、公交的便利情况、道路交通状况、各种交通方式的时间与支出成本权衡等因素，选择步行、自行车、公交或私人汽车的交通方式。在我国大部分地区，自行车和公共交通依然是居民日常出行的主要交通方式，随着上述情况的变化，越来越多的居民将拥有私人汽车，因此，住宅区中居民自行车和私人汽车的停放问题应该予以充分考虑。

服务车种

住宅区车辆的停放按照车种有自行车（助动车）、摩托车、汽车三类。目前，我国居民的自行车停放量较大，汽车的停放量正在逐步上升，许多多年前建成的住宅区由于当时尚未考虑到这一问题，故现在已经不能适应居民私人汽车的停放要求，特别是一些居民收入较高的住宅区。同时，大量居民自行车的停放问题也因为各种原因而未有合理、经济的解决方法。住宅区居民停车问题的解决途径在很大程度上会影响到住宅区整体的规划结构和居住环境。

停车方式

住宅区车辆的停车方式一般可采取室外停放、室内停放、路上停放和路外停放等多种方式。居民一般根据停放的时间段、停放的时间长度和停放的车种来选择不同的停车方式。白天停放、短时间停放或非机动车停放一般希望是室外停放和路上停放；夜间停放、长时间停放或机动车停放一般希望是室内停放和路外停放（图7.3）。

图 7.3a₁

图 7.3a₂

• 图 7.3a　为路边停车的几种方式。

图 7.3a₃

图 7.3b　植树停车场停车

图 7.3c

住宅底层架空停车

图 7.3d　尽端路回车场停车

图 7.3e　住宅单元后门停车

图 7.3f　住宅院落内的住户停车房和访客停车位

图 7.3g　住宅院落内的自行车停车房

图 7.3　各类停车方式示例

停车设施及其布局

设施

住宅区机动车和非机动车的停车设施均有停车场和停车库（房）两种，同时还设有机动车停车位和非机动车停车点两种复合用途的场地。由于居民停车具有"朝发夕归"的特点，因此，与路面、场地等复合使用的机动车停车位和非机动车停车点既有利于土地的合理节约利用，也有利于住宅区舒适的居住环境的营造，对居民的使用也提供了便利。但是，在居民停车量较大时集中或分散集中的停车场（库）也必须予以考虑。

布局

停车设施的布局最重要的考虑因素是居民的停车步行距离，应按照整个住宅区道路布局与交通组织来安排，以方便、经济、安全和有利于节约能源和减少环境污染为原则。因此，集中与分散相结合是较合理的布局方式。

住宅区的集中停车一般采用建设单层或多层停车库（包括地下）的方式，往往设在住宅区和若干住宅群落的主要车行出入口或服务中心周围，以方便购物、限制外来车辆进入住宅区，并有利于减少住宅区内汽车通行量、减少空气和噪声污染、保证区内或住宅群落内的安静和安全。完全的集中停车布局对规模较大的住宅区（如居住小区规模以上）可能会在不同程度上对居民的使用造成不便。

不同的停车规模和停车设施其布局密度或服务半径也不同。一定程度的分散停车将对居民的使用带来方便，因此应该考虑设置一定比例的分散停车量。分散停车可采取建设以住宅群落（包括居住组团）为单位的分散型集中停车房、停车场，也可以住宅院落为单位设置分散的停车场或停车位。

对居民而言，最方便的停车方式一定是按照每户或每一住宅单元为单位设置停车位的布局方式：如在住宅单元出入口处（或附近）的路边（上），在住宅单元的底层，在住户的院子里。对于低层住宅区（群、组）来说，由于住户不多，交通量不会太大，故是一般常用的方式。但对于多层或高层住宅区（群、组）而言，因密度较高因此交通量也会较大，故上述的停车设施布局方式将会引入许多机动车交通进入或穿越一些机动车不宜或不需要进入的空间，如住宅院落、活动场地周围或公共绿地，同时也会影响居住环境的安全、安静和洁净。因此，应该根据不同住宅区的不同停车需求，规划布局多种形式并存的居民停车方式。

居民的自行车停车设施也具有与机动车停车设施相同的布局原则。只不过因为自行车对居住环境在各方面均比机动车的影响小得多，因而在规划布局中具有更大的灵活性。一般居民的自行车停车设施应该以分散为主，最多不大于以住宅群落（居住组团）为单位来安排集中的自行车停车房（棚）。

停车设施的综合布局见图7.4。

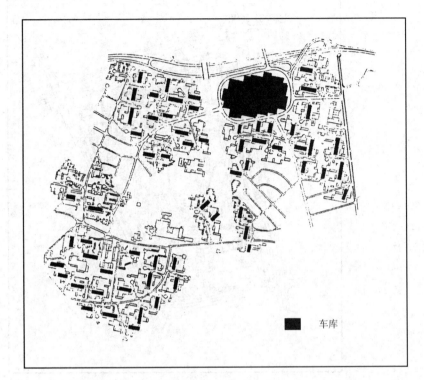

大型地下车库设在居住区主入口处的服务中心地,小型地下车库设在各个住宅组团内

车库

图 7.4a 德国法兰克福西北城居住区停车设施布局

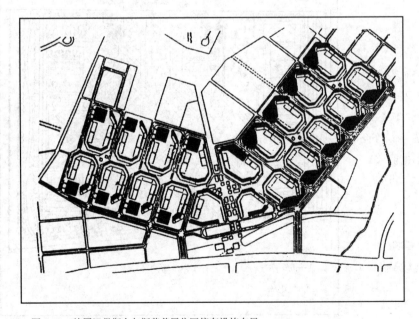

在 20 个高层住宅院落的入口处布置了汽车停车场,保证了院落内的居住环境质量

图 7.4b 德国汉堡斯台尔斯荷普居住区停车设施布局

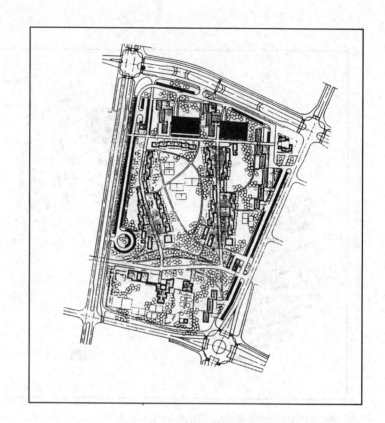

小区主入口布置了两幢
集中停车库，同时沿小区周
边道路设置了露天停车位

图 7.4c 英国瑞希居住小区
停车设施布局

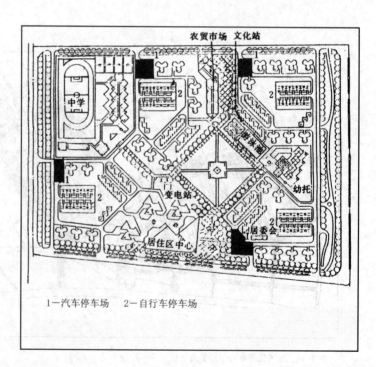

汽车停车场布置在住宅
区四个主要车行入口处，减
少进入区内车辆的数量。自
行车停车场设在每个组团内
部，方便居民的使用

图 7.4d 深圳莲花居住区
停车设施布局

1—汽车停车场 2—自行车停车场

将自行车停车设在院落的出入口，并布置在半地下室，既方便又安全

图 7.4e　北京富强西里居住小区
停车设施布局

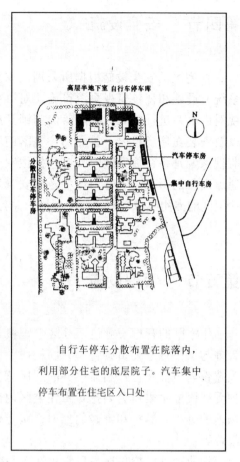

自行车停车分散布置在院落内，利用部分住宅的底层院子。汽车集中停车布置在住宅区入口处

图 7.4f　上海杨柳青爱建新村
停车设施布局

图 7.4　住宅区停车设施综合布局示例

　　对非居民车辆的停放问题应该与居民车辆的停放采取不同的处理原则。一般情况下，非居民车辆的停放应该集中，其停车设施的布局应该尽可能地独立于居民的居住生活空间，一般布置在住宅区外围；对一些临时的、短时间的外来车辆的停放可以借用居民晚间车辆停放的空间。

　　住宅区停车设施建设可以根据条件和规划要求采用多种形式，如可与住宅结合，设于住宅底层的架空层内或设于住宅的地下、半地下层内；可与公共设施（建筑）结合，设于公建的屋顶、底层、地下或半地下等；可通过路面放宽将停车位设在路边；可与绿地和场地结合设在绿地中，或利用绿地和场地的地下或半地下空间，并在上面覆土绿化或作为活动场地。

第四节　安全设施

住宅区的安全设施根据所采用的安全系统一般较常用的有对讲系统（包括可视对讲系统）设施和视频监视系统设施。对讲系统是指住户与来访者之间通过对讲机（包括可视对讲机）进行单元门或院落门门锁开启的安全系统，它包括一对电源线和一对信号线以及安装在住户户内、单元门、院落门和住宅区保安管理监控室的控制系统装置。视频监视系统是指在住宅区内（可包括住宅内的公共部位）和外围设置能够监视住宅区全部通道出入的摄像装置并由住宅区保安管理监控室负责监控和处理。这两种保安系统均由住宅区的专用线或数据通信线传送信息，并需要设置住宅区的中央保安监控设施。

第五节　管理设施

住宅区的管理设施包括社区管理机构和物业管理机构。社区管理机构是一种由行政管理与居民业主委员会管理共同构成的综合性管理机构，主要承担对关系到住宅区的各项建设与发展和住户利益事务的居民意愿、意见的征求以及讨论决策。物业管理则是一种受居民业主委员会委托负责住宅区内部所有建筑物、市政工程设施、绿地绿化、户外场地的维护、养护和维修的部门，负责住宅区内环境清洁、保安以及其他服务，如日常收费等。

物业管理机构与居民日常生活关系紧密，许多物业管理公司已经发展了许多为业主（住户）服务的新项目，如家政家教、购物订票、物业租售代理、家庭装潢等等，部分地代替了社区的一些服务设施的功能。因此，在布局上宜与社区（活动）中心结合，便于联系与运作，一般服务半径不宜超过500米。

第六节　户外场地设施

住宅区的户外场地设施包括户外活动场地、住宅院落以及其中的各类活动设施和配套设施。户外活动场地在住宅区中有幼儿游戏场地、儿童游戏场地、青少年活动与运动场地、老年人健身与消闲场地和包括老年人健身与消闲场地在内的社会性活动场地。各类活动设施包括幼儿和儿童的游戏器具、青少年运动的运动器诚和为老年人健身与消闲使用的设施。配套设施包括各类场地中必要的桌凳、亭廊、构架、废物箱、照明灯、矮墙和景观性小品如雕塑、喷水等。

绿化是户外场地必备的要素，它起着营造环境、分隔空间、构筑景观的作用，绿地布局、绿化设计是户外场地规划与设计必须考虑的内容。

户外活动场地的配置与设计应该以居民的年龄结构为基础，其分类与设计是根据不同年龄组人群的活动的生理和心理需要以及行为特征来进行的。

按照年龄组，0~2 岁为婴儿，3~5 岁为幼儿，6~11 岁为少儿，12~17 岁为青少年，18~24 岁为青年，25~64 岁为成年，65 岁以上为老年。在老年人中还应该根据生理、心理、健康状况和活动特点划分为 65~75 岁、76~85 岁和 86 岁以上三个年龄段。另外，还必须考虑残疾人的不同生理和活动特点。

幼儿游戏场地的位置应该尽可能地接近住户或住宅单元，以便家长能够及时、方便甚至在户内进行的监护，一般希望有一个相对围合的空间，而住宅院落是一个理想的位置，但要保证基本没有交通——特别是机动车交通的穿越。它的服务半径不宜大于 50 米，或每 20~30 个幼儿（或每 30~60 户）设一处。儿童游戏场地宜设在住宅群落空间中，可设在住宅院落的出入口附近，有可能时宜设在相对独立的空间中。若干个住宅院落组成的住宅群落（约 150 户，或 100 个儿童）设一处儿童游戏场地，服务半径不宜大于 150 米，相当于居住区中的一个居住组团。青少年活动与运动场地应设在住宅区内相对独立的地段，约 200 户设一处，服务半径不大于 200 米。

幼儿和儿童游戏场地一般需要考虑家长监护或陪伴时使用的休息设施，同时也应该考虑到成年人或老年人在监护或陪伴时相互交往的可能。

户外游戏场地类型与设计要点见表 7-3。

表 7-3　　　　　　　　　　户外游戏场地的类型与设计要点

类　型	使 用 对 象	用　地（公顷）	步行距离（分钟）
儿童游戏休息场地	组团居民，特别是儿童和老人	>0.04	3~4
儿童小游园	小区全体居民	>0.4	5~8
儿童公园	居住区全体居民	>1.0	8~15

老年人的健身与消闲场地具有多样性、综合性的特点，在不同的时间段往往会有不同的使用内容和使用对象。早晨是老年人晨练的主要时间，下午主要是老年人碰面和交流的时间，其他时间可能作为青少年或家庭户外活动（如游玩、散步、读书等）的空间，而假日更多的是住宅区居民家庭户外活动的场所，有时也会是社区活动的地点。因此，老年人的健身与消闲场地应该考虑多样化的用途，位置布局宜结合在住宅区各种形式的集中绿地内，服务半径一般在 200~300 米左右。

各类户外活动场地布局示例见图 7.5。

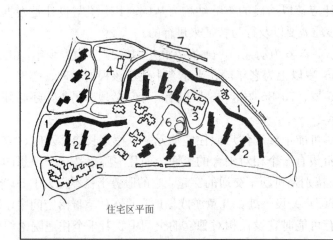

1—5层板式住宅
2—3~5层平台式住宅
3—托幼
4—学校
5—商业中心
6—公园
7—车库
8—车行道
9—人行道

住宅区平面

图 7.5a₁　波兰卢布林区斯洛伐克住宅区总平面

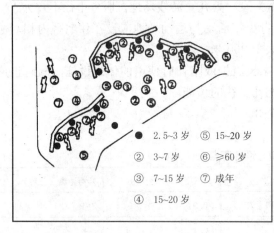

● 2.5~3岁　⑤ 15~20岁
② 3~7岁　⑥ ≥60岁
③ 7~15岁　⑦ 成年
④ 15~20岁

图 7.5a₂　波兰卢布林区斯洛伐克住宅区
　　　　各类活动场地人群分布状况

• 图 7.6a 为波兰卢布林区斯洛
伐克住宅区各类户外活动场地布局
情况。

图 7.5b　低层住宅围绕的户外活动场地

154

图 7.5c

图 7.6d

图 7.5e

图 7.5f

图 7.5g

• 图 7.5c, d, e, f, g 为各类儿童游戏场地及其活动器械。

图 7.5h

图 7.5i

・图 7.5h, i, j 为住宅区中
的青少年运动场地及设施。

图 7.5j

图 7.5k 住宅院落中的
儿童游戏场地

图 7.5 住宅区各类户外活动场地布局与设计

进一步阅读的材料：

1. 同济大学. 城市规划原理. 北京：中国建筑工业出版社, 1991.11
2. 邓述平，王仲谷. 居住区规划设计资料集. 北京：中国建筑工业出版社, 1996.3
3. 王仲谷，李锡然. 居住区详细规划. 北京：中国建筑工业出版社, 1984.6
4. 同济大学建筑与城市规划学院. 四十五年精粹——同济大学城市规划专业教师专业作品集. 北京：中国建筑工业出版社, 1997.5
5. 建筑部科学技术司. 中国小康住宅示范工程集萃. 北京：中国建筑工业出版社, 1997.2
6. 中国城市住宅小区建设试点丛书编委会. 中国城市住宅小区建设试点丛书——规划设计篇 1. 北京：中国建筑工业出版社, 1994.7
7. 王炳坤. 城市规划中的工程规划. 天津：天津大学出版社, 1994.12
8. 姚雨霖等. 城市给水排水. 北京：中国建筑工业出版社, 1986.7

思考的问题：

1. 住宅区各类设施的作用。
2. 信息化对生活及住宅区规划的影响。
3. 管线综合的意义与内容。
4. 住宅区居民的各种停车方式对住宅区规划布局的影响。
5. 各类户外活动场地的设施配置与规划设计基本要求。

第八章　　户外环境景观

住宅区的户外环境景观包括软质景观和硬质景观两大类。其中，软质景观以植物配置与种植布局为主要内容，硬质景观包括地坪、地面铺装和环境小品设施。住宅区户外环境景观设计的主要目标是营造生态化、景观化、宜人化、舒适化的物质环境以及和睦、亲近、具有活力的社会文化环境。

第一节　软质景观

绿地与植物种植

绿地是构成住宅区户外环境的重要组成部分。在住宅区中，绿地由公共绿地、宅间宅旁绿地、道路绿地和专用绿地组成。各类绿地因各自的使用目的不同，其规划设计的要求与方法也不一样。

绿化用地与绿地

绿化用地所包括的不仅仅是用于种植各种植物的土地，在城市规划中它是指以用于种植绿色植物为主的城市用地，简称绿地。它通常包含有植物种植用地（包括草皮、花卉、灌木、乔木、爬植物等）、包含在植物种植用地中的铺装硬地（包括步行道、步行休息广场、乔木周围的休息场地等）、可活动的或处于植物种植用地内的水体。

住宅区公共绿地其定性的含义是指不属于住宅区其他用地（包括住宅用地、公共建筑用地、道路用地、停车设施用地、市政设施用地以及其他用地）、为住宅区全体居民共同享用的绿地，包括居住区公园、居住小区集中绿地、各类户外场地（不包括标准的运动场）、居住组团绿地、较大的住宅院落绿地或场地（图 8.1）。

住宅区的宅间宅旁绿地是指位于住宅周围用于种植绿色植物并不属于住宅区公共绿地的用地。

道路绿地是指在道路用地（道路红线）界线以内的绿地，如花坛、行道树、草皮等。

专用绿地通常指各类设施（如公共服务设施、市政设施等）地界内所属的绿地。

绿地的作用与规划设计

住宅区的绿地具有三种主要作用：使用功能、生态功能和景观功能。使用功能是指具有可活动性，如游戏、运动、散步、健身、消闲等；生态功能是指具有生态平衡、气候调节的作用，如住宅区小气候的形成（包括降温、增湿、导风等）、环境污染的防治与质量的改善（有噪声减弱、空气降尘、减菌和吸收二氧化碳等）、有水土保持、动植物生长与繁殖等；景观功能包括可观赏性与美化环境。上述四类绿地中具有使用功能的主要是公共绿地和专用绿地，道路绿地更多的是具有景观性，宅间宅旁绿地的作用主要在于生态与景观方面。当然，在实际情况中四类绿地都兼有三种作用，特别是生态方面的作用，不论哪种绿地均对生态环境有利。

　　住宅区的公共绿地一般宜集中设置，以形成规模较大的集中绿化空间（如公园），并以在使用和景观方面最大限度地被最多的居民和住户所享受为原则（参见第三章"住宅区规划结构"）。公共绿地的主要作用在于为居民提供一个绿化活动空间，其设计应该以居民的活动规律与需求为基础，公共绿地的布局与设计应该与住宅区各类活动场地的布局和设计紧密结合（参见第七章"设施"的第六节"户外活动设施"）。在整个公共绿地中一般用于种植绿色植物的用地（包括小径）的比例不应小于 73%~87%，活动场地（硬地为主）的比例为 10%~22%，景观与休息小建筑及环境小品的用地不宜大于 3%~5%（表8-1）。

表 8-1　　　　　　　　　　　　　　住宅区各类公共绿地规划要求

分　　级	住 宅 组 团 级	住 宅 小 区	居 住 区 级
主要设施	幼儿游戏设施、凳、桌、树木、草地、花卉、铺装地面、院灯等	儿童游戏设施、老年人和成年人休息场地、健身场地、小型多功能运动场地、凳、桌、树木、草地、花卉、铺装地面、院灯、凉亭、花架等	树木、草地、花卉、铺装地面、院灯、凉亭、花架、雕塑、凳、桌、儿童游戏设施、老年人和成年人休息场地、健身场地、多功能运动场地、小卖屋等
功能	游戏、休息	游戏、休息、漫步、运动、健身	游戏、休息、漫步、运动、健身、游览、游乐、服务、管理
服务半径（米）	60~120	150~500	800~1000
用地（公顷）	>0.04	>0.4	>1.0

　　居住区公园、居住小区组团绿地、儿童游戏场设计示例见图 8.1~图 8.5。

图 8.1a 上海曹杨新村利用原河道设置居住区公园

图 8.1b 上海曹杨新村中的老人活动场地

159

图 8.1c 上海曹杨新村中由居住区公园延伸出来
的滨河绿化休闲带

图 8.1d 上海曹杨新村居住区公园中的景观水体

图 8.1 居住区综合性公园示例

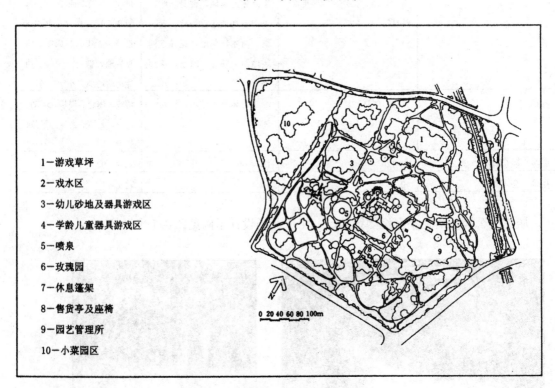

1—游戏草坪

2—戏水区

3—幼儿砂地及器具游戏区

4—学龄儿童器具游戏区

5—喷泉

6—玫瑰园

7—休息篷架

8—售货亭及座椅

9—园艺管理所

10—小菜园区

0 20 40 60 80 100m

图 8.2 居住区儿童公园设计示例

图 8.3a　上海市市光新村中心绿地平面与实景

图 8.3b 上海市甘泉新村
北块组团绿地实景

图 8.3 居住小区集中绿地设计示例

上海市民星一新村组团绿地
实景与平面

图 8.4 组团绿地设计示例

162

图 8.5a　儿童具有游戏的天性，任何可以引起儿童兴趣的东西都会被他们利用

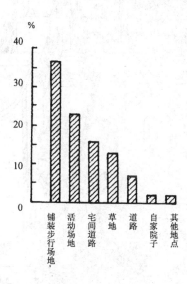

图 8.5b　美国对 5251 名儿童活动场所选择调查　　　图 8.5c　路边往往是儿童最喜爱的游戏活动场所之一

图 8.5d 铺装良好的住
宅院落也是儿童最喜爱
的游戏活动场所之一

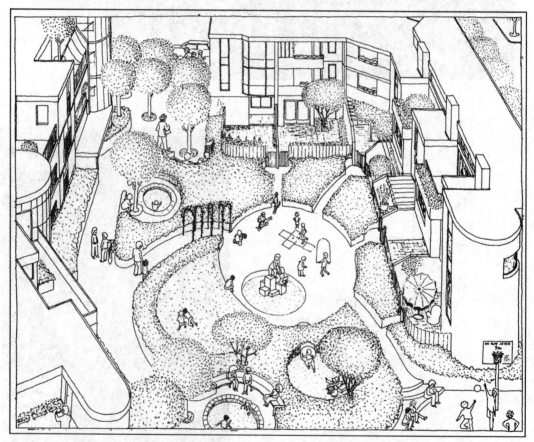

图 8.5e 住宅院落中的儿童游戏场地

每户均有直接通向院落中场地的通路，在户内
和院子中可以监护院落中儿童的情况

图 8.5f　集中绿地中的儿童游戏场地

图 8.5　儿童游戏场地设计示例

　　住宅区各类绿地的规划布局与形态应该考虑区内区外的联系，特别是区内宜形成一个相互贯通或联系的、空间上有层次性、景观与功能上有多样性的绿地系统(图 8.6)。

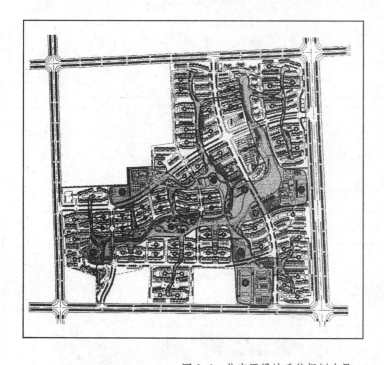

合肥阳光新村规划方案利用洼地和水塘构筑了一个形态自然并贯穿整个住宅区各个空间层次的绿地系统。同时，该系统在景观上可分为横向自然的集中绿地景观、纵向人工的组团与院落绿地景观；在功能上该系统联系了公共服务中心、中小学、幼托和户外活动场地

图 8.6　住宅区绿地系统规划布局

　　住宅区各类绿地的植物种植也要考虑生态、景观和使用三方面的因素。从生态方面考虑，植物的选择与配置应该对人体健康无害，有助于生态环境改善并对动植物生存和

繁殖有利；从景观方面考虑，植物的选择与配置应该有利于住宅区居住环境尽快形成面貌，即所谓"先绿后园"的观点，应该考虑各个季节、各类区域或各类空间的不同景观效果，应该有助于住宅区形象特征的塑造；从使用方面考虑，植物的选择与配置应该给居民提供休息遮荫和地面活动的条件（图 8.7）。

绿带宽度	种 植 与 效 果	图　　　示	备　注
4m	种植一行乔木及一行灌木，减尘率可达 50%以上	 灌木 乔木　快车道 4m	吸滞能力较强的树种：刺楸、榆朴、重阳木、女贞、刺槐、臭椿、枸树、夹竹桃、樱花、悬铃木、泡桐、腊梅、桂花
5m	种植常绿乔木、灌木、绿篱和草皮，减尘率可达 90%以上	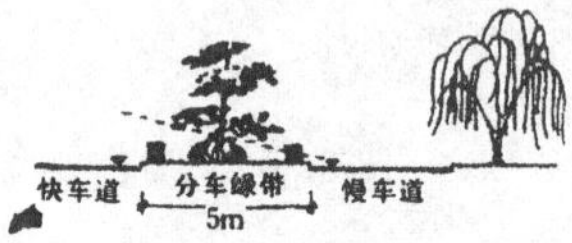 快车道　分车绿带　慢车道 5m	
6m	种植两行乔木及两行灌木，减尘率可达 80%	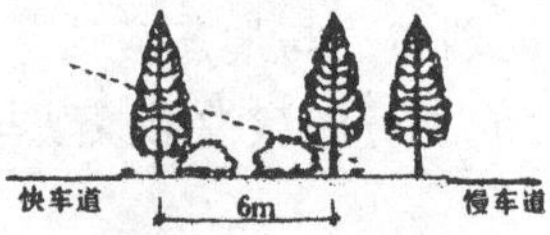 快车道　6m　慢车道	
12m	种植落叶大乔木、绿篱、灌木、中小乔木和栓柏，减尘率可达 80%以上	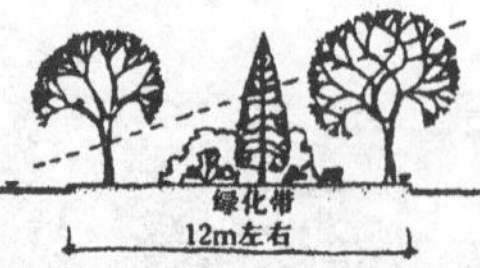 绿化带 12m左右	

图 8.7a　绿化对隔声的作用

噪声源	植物种类	噪声减弱量	图　　示	噪声传播情况图示
小汽车及卡车	落叶灌木	小汽车 25% 卡车 50%		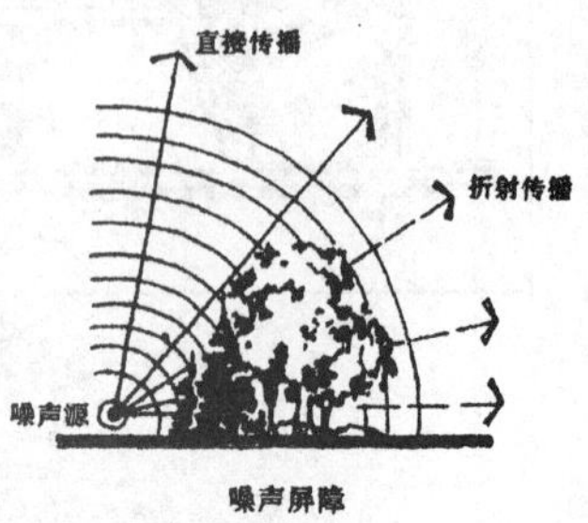 直接传播　折射传播　噪声源　噪声屏障
	落叶树	小汽车 25% 卡车 40%		
	落叶乔木及灌木	小汽车 50% 卡车 75%		
	常绿针叶树	小汽车 75% 卡车 80%		

图 8.7b　绿化对减尘的作用

私密控制

围墙构建私密空间

低矮灌木不遮挡建筑上部人的视线

图 8.7c

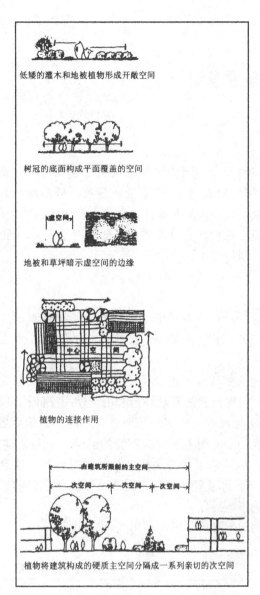

低矮的灌木和地被植物形成开敞空间

树冠的底面构成平面覆盖的空间

地被和草坪暗示虚空间的边缘

植物的连接作用

植物将建筑构成的硬质主空间分隔成一系列亲切的次空间

图 8.7d

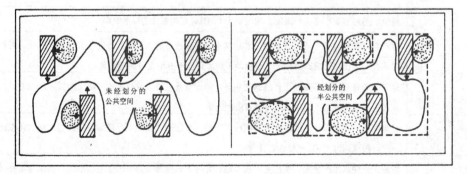

未经划分的公共空间

经划分的半公共空间

图 8.7e

• 图 8.7c, d, e 为绿化对空间形成的作用。

图 8.7 住宅区各类绿地植物种植及其作用

167

第二节 硬质景观

步行环境

步行环境的设计应该同时考虑功能与景观问题。就功能而言，包括提供一个不易磨损的路面和场地系统，使人能安全、有效、舒适地从起点到达目的地或开展活动；就景观而言，要求能吸引人，并提供一个使人产生丰富感受的景观环境。

步行环境景观设计的物质要素包括地坪竖向、地面铺装、边缘、台地、踏步与坡道、护坡与堤岸、围栏与栏杆等。

地坪竖向

景观设计的一个主要目的是利用和塑造出美观的地坪变化。地坪竖向的变化既可以适应某些功能和工程上的要求，如出入口的衔接、地面排水等，也对形成引人入胜的景色极其有利。

地坪竖向的变化既可以是由原来的地形自然形成的，也可以是根据设计意图人工塑造的。地坪的竖向问题需要从地形利用、使用空间构筑和景观几个方面作出考虑和处理。

地形利用与景观 住宅区基地原有的地形是最重要的因素，它对整个住宅区的布局也会产生极大的、有时甚至是决定性的影响，它包括建筑物与用地的布局、道路的走向、空间的形态、绿地的形态与布局以及景观框架等。在合理充分地利用现有地形时也应该考虑它的某些不利因素，如对住宅通风日照和朝向的影响、对车辆通行的影响、对建筑物工程造价的影响等。

表 8-2 为地形坡度分级与使用的基本要求。

表 8-2 地形坡度分级与使用

分级	坡度（%）	使　用
平坡	0~2	建筑、道路布置不受地形限制。坡度小于 0.3%时应注意地面排水组织
缓坡	2~5	建筑宜与等高线平行或斜交布置，若建筑垂直等高线布置，建筑的长度不宜超过 50 米，否则应结合地形作错层或跌落处理。非机动车道尽可能不要垂直等高线布置
	5~10	建筑、道路最好与等高线平行或斜交布置，若建筑垂直等高线或大角度斜交布置，应结合地形作错层或跌落处理。机动车道有坡长限制要求
中坡	10~25	建筑应结合地形设计，道路要与等高线平行或斜交迂回上坡。人行道如与等高线成较大角度的斜交（坡度超过 8%）一般也需要做台阶
陡坡	25~50	因施工不便、工程量大、费用高一般不适合作为大规模开发的城市住宅区用地。建筑与道路必须结合地形规划与设计
急坡	>50	一般不适合作为城市住宅区建设用地

住宅区布局中对地形的处理与利用见图8.8。

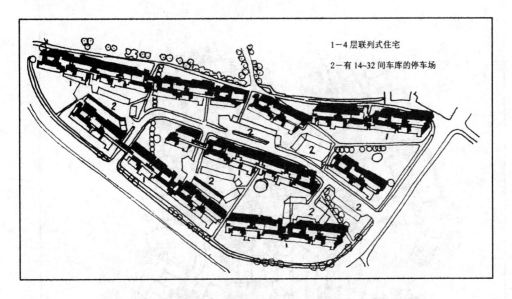

1—4层联列式住宅

2—有14~32间车库的停车场

　　该方案采用两个方法来适应地形，即住宅长边与等高线平行和采用联列式
的短单元拼接，使之易于适应地形的变化。另外，当车行与人行交叉时采用交
叉点的简易立交。

图8.8a　英国伯明翰赫尔苏乌涅小区规划设计竞赛二等奖方案

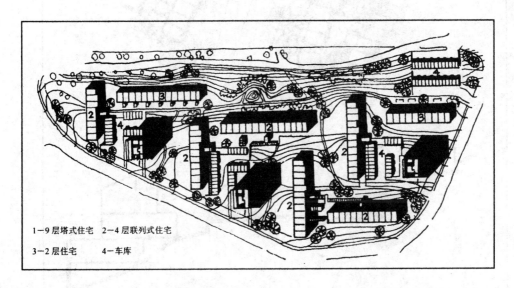

1—9层塔式住宅　2—4层联列式住宅

3—2层住宅　　　4—车库

图8.8b　英国伯明翰赫尔苏乌涅小区规划设计竞赛三等奖方案

　　将住宅区分为三个群体，垂直于
等高线的四层住宅做跌落式的处理，
在每组住宅群与干道相连处设停车
场，以使车行路最短。

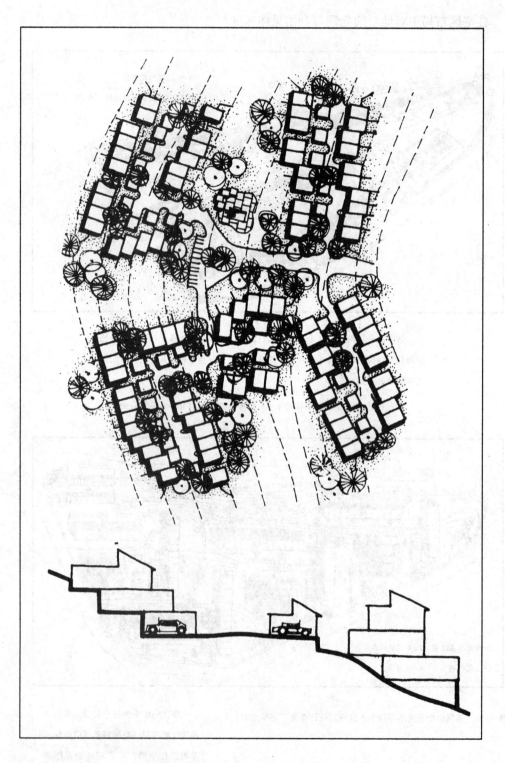

图 8.8c　在较大坡度基地上布置住宅与道路的典型处理：车路平行等高线；车库设在同标高的车路两侧；

　　　　住宅跌落处理，并与车库结合

170

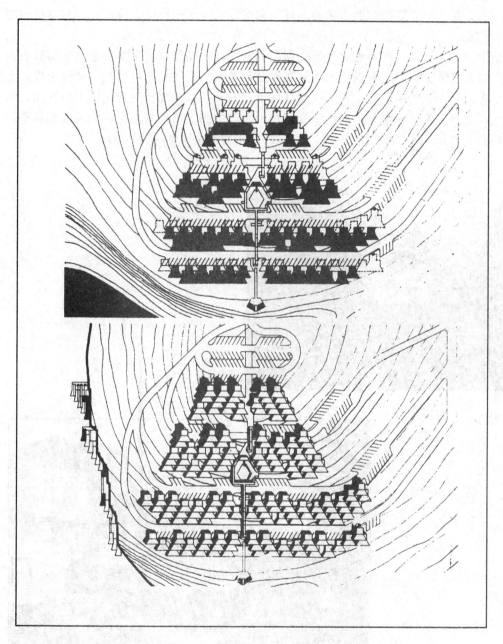

图 8.8d 法国奥扎克米苏里湖太阳村平面与剖面图

图 8.8 地形与住宅区布局

　　步行环境设计中地形往往被作为重点因素予以考虑。其原因有几个方面：首先，原有的地形地貌是该地段的环境特征，原有的地形地貌及其植被也是现有生态系统的有机组成部分，应考虑予以保持，改变现有的地形地貌一般需要较大的经济投入和工程量，故应尽量避免；另外，地形是外部空间构筑的要素之一（参见第五章"空间"），在户外空间环境的营造中需要由地形带来的地坪竖向变化以构筑多样化、特征化和自然化的空间活动环境。

使用空间与景观　在考虑对地形的利用和改变地坪高差以使平淡的景观变得吸引人时，应结合使用空间的构筑以使由地坪高差变化带来的空间具有可用性。通过土堆、小丘等地坪上升的处理和小洼地、凹坑等地坪下沉的处理，形成自然变化的下沉花园、活动场地、安静的休息停留点。不论因为何种原因产生的地坪高度变化，均为雕刻和塑造风景提供了机会，而且它能获得强烈的地段感和丰富的空间感（图8.9）。

图 8.9a

图 8.9b

· 图 8.9a, b 为
住宅与场地间的
地坪高差处理。

172

图 8.9c$_1$ 美国派克维·卡门斯住宅区中位于
两个不同标高上的住宅之间的地
坪处理（从下往上看）

图 8.9c$_2$ 美国派克维·卡门斯住宅区中位于
两个不同标高上的住宅之间的地
坪处理（从上往下看）

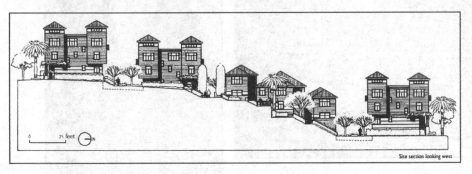

图 8.9c$_3$
美国派克
维·卡门斯
住宅区剖面

图 8.9　住宅区步行环境的地坪高差处理示例

铺地

铺地设计主要从满足使用要求（感觉与触觉）和景观要求（视觉）两方面出发，考虑舒适、自然、协调而对地坪的铺装在材料、色彩、组合三方面作出设计。第一要考虑地面的坚固、耐磨和防滑，即行走、活动和安全的要求；第二要利用地面材料、色彩和组合图案引导方向和限定场地界限；第三要通过一种能表现和强化特定场地特性的组合（包括材料、色彩和图案）创造地面景观；第四应该与周围建筑物形成良好的结合关系。

地坪材料可分为自然材料和人工材料两类，它们都具有质感、色彩、尺度与形状四个要素。在选择时既应该考虑上述的使用与景观要求，同时也必须考虑造价方面的情况。材料的质感与色彩是相关的，不可能不考虑质感就去选择色彩，对自然材料尤其如此。同时，也不能脱离了环境去选择色彩，应该考虑怎样才能与其他色彩形成联系或对比（图8.10）。

图 8.10a

图 8.10b

图 8.10c

• 图 8.10a, b, c 为绿地中场地的地面铺装方式示例。

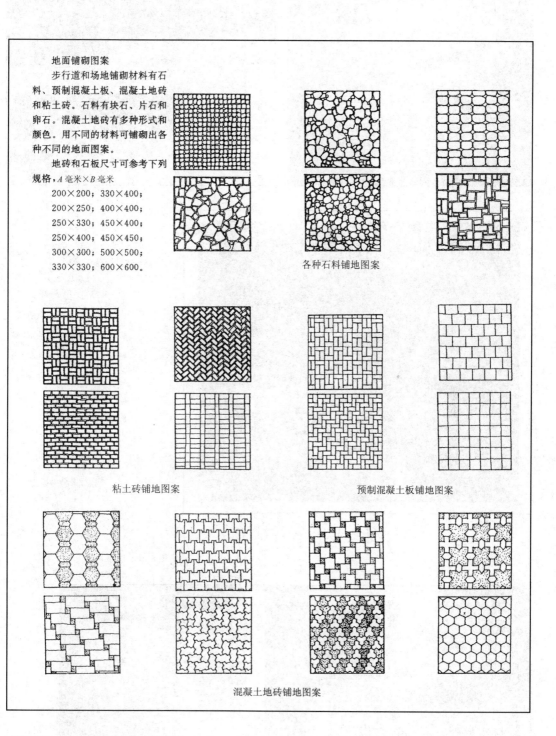

地面铺砌图案

　　步行道和场地铺砌材料有石料、预制混凝土板、混凝土地砖和粘土砖。石料有块石、片石和卵石。混凝土地砖有多种形式和颜色。用不同的材料可铺砌出各种不同的地面图案。

　　地砖和石板尺寸可参考下列规格，A 毫米 $\times B$ 毫米

　　200×200；330×400；
　　200×250；400×400；
　　250×330；450×400；
　　250×400；450×450；
　　300×300；500×500；
　　330×330；600×600。

各种石料铺地图案

粘土砖铺地图案

预制混凝土板铺地图案

混凝土地砖铺地图案

图 8.10d　各种地面铺砌材料与图案示例

175

图 8.10e(上左),图 8.10f（上右）广场与 休息场地

　　根据使用人群的多少、场地的功能以及所处环境的情况，场地的地面铺装可以采用全硬地型（图 8.10e），也可在硬地面中辅以草地（图 8.10f,g）

图 8.10g　休息与活动场地

图 8.10h 步行道

图 8.10　各种铺地材料及其铺装形式

边缘

边缘指硬质地面与软质地面之间、不同用途场地之间、地面与墙的交接处以及不同地坪高差的衔接处等边界。在任何不同性质的地坪交接处（包括水平面与水平面、垂直面与水平面）都应该作出相应的处理。

图 8.11 显示了不同场合的各种边缘处理手法。

图 8.11a　相同材料不同铺装形式的边缘

图 8.11b　局部用座凳处理步行道的边缘

突出的树穴限定出停车位的位置.

图 8.11c　用有明显差异的材料与色彩处理车行道与步行道之间的边缘

图 8.11d
树穴边缘的处理
(突出树木)

图 8.11e
草地与路面间的
边缘处理 (界定入
口)

图 8.11f　花坛与场地间的边缘处理(限制进入)　　图 8.11g　步行道与树丛间的边缘处理(界定线形与方向)

图 8.11h
步行道硬质
地面与草地
软质地面之
间的边缘处
理

图 8.11i（上左）
草地与水之间的
边缘处理
图 8.11j（上右）
硬地与水之间的
边缘处理

图 8.11k
用台阶作为水边
步行道的边缘

图 8.11 边缘处理示例

树穴

　　树穴处理在硬质场地上与在软质地面上不同,在硬质场地上由于所处的环境是人工化的,因此应该经过处理。处理方法应该采取与周围地面不同的材料与图案,并保证树的自然生长。可以用铸铁网覆盖树穴并在周围铺装放射形图案;也可以简单用与周围不同的、自然的、较粗糙的石材铺装,也可以与座椅等设施结合设计。

　　图 8.12 为在硬质场地上树穴的两种处理方式。

图 8.12a　　　　　　　　　　　　　　　　　　　　　　　　　　　图 8.12b

图 8.12　树穴的处理

踏步与坡道

　　在有高差的地坪上如考虑通行则应该采用踏步或坡道。踏步与坡道的主要作用在于使行人从一个地坪高度转到另一个地坪高度,同时,它还对突出场地环境的特征具有很大的作用,应该在户外环境设计中予以充分的利用。

　　踏步可分成三大类:一类是与场地或环境特性融为一体的,包括形式、材料、色彩等,整体上统一而简单;第二类是突出于场地环境的,或从形式上看属于轻巧或几何型,或从材料上看一般不属于场地生长环境,或从色彩上看属于对比于场地环境;第三类是附属于建筑或构筑物的。各类踏步示例见图 8.13。

图 8.13a　踏步具有内聚性和向心性

图 8.13b 踏步具有引导性

图 8.13c
分段和错开
的踏步可以
减少心理压
力并使人感
到愉快和有
兴趣

图 8.13d
踏步具有亲水性

图 8.13e 踏步的
设计应考虑具有可
坐性和坡道

图 8.13 各类踏步示例

在地坪坡度不大也不太长时，一般纵向坡度在 8%以下时根据设计的意图可以用坡道取代踏步。另外，必须在任何有地坪高差的位置设置为残疾人轮椅和婴儿推车通行的坡道。

适宜的踏步坡度在 1:2~1:7 之间，踏步宽度不应小于 300 毫米，高度应在 80~160 毫米之间，级数在 11 级左右，以不超过 19 级为宜，踏步间的平台宽度不宜小于 1 米。

坡道的坡度以 1:12 为好，短距离的坡道坡度不应超过 1:6.5。

踏步与坡道的材料应该在设计意图明确的情况下结合场地铺装的特性。坡道材料必须考虑表面防滑。坡道排水应考虑向两侧排而不是顺坡排。

护坡

护坡包括斜坡、挡土墙与堤岸，它是改变地坪高度的手段。护坡的采用可能是因为原有地形的条件，可能是由于功能上的需要，如噪声隔离、视觉遮挡、交通控制等，也可能是出于景观美学上的需要。护坡设计在功能上要考虑的是稳固性、安全性、耐久性和防水性，防止因攀登、裂缝和雨水侵蚀而遭受损坏；在景观上要考虑斜面的倾斜度、表面的质地、拼接的形式等。一般的护坡处理见图 8.14。

图 8.14　护坡的处理

围栏

围栏的功能在于引导行人沿合适的路线行走，防止对不应该进入的地界的闯入，保护行人安全，避免落水、撞车或滚落陡坡等危险。同样，围栏对场地的视觉景观作用也具有很大的作用。

围栏的材料应该尽量采用当地的材料和传统的工艺，以求与场地和风景取得协调，并保持当地的景观特征。围栏的形式应该从属于地形与树丛，应顺应地势和结合植物的外型，同时围栏的基底部以及立面构图应该考虑与地面材料和图案的关系。图 8.15 显示了围栏的不同作用及处理手法。

图 8.15a　用围栏界定出安定的休息空间

图 8.15b　用围栏分隔停车空间与活动空间

图 8.15c　用围栏限制进入绿地

图 8.15　围栏的处理

墙与屏障

墙与屏障的功能在于：阻止闲人闯入障碍物或障碍区，作为视线、风和噪声的屏障，限定视觉空间等。当然它在视觉观赏方面的要求和作用也不能忽视。

墙与屏障的设计应考虑其立面的外形和细部构造。立面外形既有使用的考虑更有景观上的意义，如是否具有攀爬要求、是否需要视觉上的通透（局部或整体）、是否具有景观上的标志性意义等等。材料与细部构造产生的图案、线条、光影等视觉效果可以在设计中充分予以考虑。

尺度对墙和屏障设计的成功与否起着很大的作用。在满足功能性的要求下，适宜的比例与尺度更多地应从审美的角度去考虑。

图 8.16 为墙与屏障的示例。

图 8.16a　围墙　　　　　　　　　　　　　　　　　　　　　　图 8.16b　入口

图 8.16　墙与屏障的处理

环境小品

环境小品根据其设置的环境可分为街道广场小品和绿地小品两大类。虽然设置的环境不同使其表现出的特征也不同，但其内容与设计考虑的基本因素是一致的。

环境小品主要包含座椅（凳）、护柱、种植容器、垃圾箱等功能性设施和雕塑、水池、喷泉、构架等景观性设施。

座椅的设置有两种情况，一种是在某些特定的位置，如广场或场地周围、公交站点、较长的步行路段，这时应该注意将交通空间与座椅区分开；另一种是在一些由设计安排的休息停留点，如某些绿地、场地或广场中的休息空间，在这种情况下应该通过平面或竖向的布局与设计创造一个安静和舒适的空间环境。座椅的位置与方向应该考虑能够尽可能地观赏到周围较好的景色。

座椅的设计可以考虑与其他设施的组合，如与花坛、乔木、灯具等，其组合形式也应该考虑美观的要求。

人选择不同的坐的形式与坐的对象、环境和目的有关，图 8.17 显示了坐的各种可能的形式，座椅的布局和形式见图 8.18。

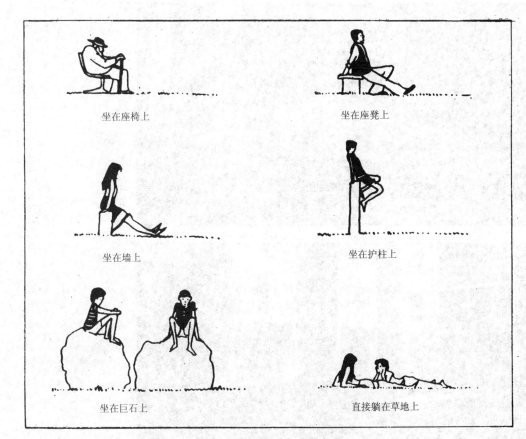

坐在座椅上　　　　　　　　　　　坐在座凳上

坐在墙上　　　　　　　　　　　　坐在护柱上

坐在巨石上　　　　　　　　　直接躺在草地上

图 8.17　坐的各种形式

图 8.18a　座椅应朝向具有
　　　　　可观性的方向设置

图 8.18b　座椅应该设在舒适的环境中

图 8.18c

图 8.18d

图 8.18e

图 8.18f

图 8.18g

图 8.18h

图 8.18i

图 8.18j

图 8.18k

· 图 8.18c, d, e, f, g, h, i, j, k, l 为各
种座椅的形式。

图 8.18l

图 8.18　座椅的布局与形式

护柱的设置有利于标明地界、划分区域、引导交通流以防止车辆驶入，但不阻碍行人通过，同时也会由于在地面上形成了一系列的垂直加强点而创造一种使人产生深刻印象的景观。

　　护柱必须坚固同时给人以结实感，材料以混凝土、铸铁为好。另外，护柱晚间必须有照明，以防发生危险。

　　护柱的各种设置情况和处理方式见图8.19。

图8.19a　限制车辆进入的护柱

图 8.19b 界定人行与车行空间的护柱

图 8.19 护柱的处理

种植容器可以是固定的，也可以是可移动的，它可以用来限定空间，也常在一些特定的时间或场地根据特定需要用作环境的美化。种植容器最适合用在植物不能自然生长的场所，一般适合放在硬质地面上。

种植容器的布局应该考虑形成一定的规律或整体型的图案，以点缀环境或限度空间。其形式应考虑自身的美观和整体组合带来的点缀环境或限度空间的效果。种植容器的材料可考虑与地面材料相协调，也可考虑采用自然或仿自然质感的材料，如混凝土、原木、石材等（图 8.20）。

图 8.20a 设在广场中的花钵组

图 8.20b 花钵与垃圾箱及座椅组合

图 8.20c 采用与地面相同的材料和图案母体对地面、垃圾箱以及花钵进行整体设计

图 8.20d 座椅和花坛兼具分隔人行与车行的作用

图 8.20e 与座椅组合的花坛

图 8.20 种植容器的处理

　　垃圾箱应该考虑与其他设施组合设置，如座椅、护柱、围栏和灯柱等。垃圾箱下的地面应该采用硬质地面，以便清扫。

景观性小品主要需要考虑其设置的合适的位置，以形成环境的趣味点或观赏点，同时尺度与艺术性是景观小品成败的关键。

车行环境

住宅区的车行环境重点需要考虑的有两方面，一是如何通过路面处理限制车速和标识车路界限，二是如何处理机动车停车场地的景观环境使之与居住生活环境协调。

路面

明确车行路界限的方法重点在于对车行路边缘的处理，可利用高差不一，软质地面与硬质地面的差别，与车行路面不同的步行地面材料或色彩标识等方法。

利用地面局部突起的"驼峰"可以迫使车辆减速，通过不同地面材料的变化可以暗示车辆进入的空间性质。如从光滑平整的路面到粗糙的路面，从人工化的混凝土或沥青路面到自然型的毛石路面，均有减速的作用（图 8.21）。

图 8.21a 住宅区商业街区中
的车行道路面处理

图 8.21b 住宅区内
部车行路面的处理

图 8.21 住宅区车行路面的处理

机动车停车场地

预制的混凝土砌块是较好的机动车停车场地面材料，它可以制成不同的颜色和形状以附和设计的意图，同时还可以制成漏空的砌块在中间植草以改善场地环境与景观。在停车场上种树既具有防晒功能又具有景观与生态作用。另外，在场地上用其他颜色将车位或通道标识出来也有较好的效果。

第三节　水体

水体是自然界中极为生动的景观，易于形成开敞的空间，也是生态系统的重要组成部分，同时它还具有可用性。住宅区中可利用水体造景、调节小气候或作为儿童戏水场所，还可以供蓄水、消防。因此，只要有可能就应该尽量利用或经过改造加以利用。

在住宅区规划设计中，常见的水体形式有水池、流水、瀑布和喷泉等，宜根据地形条件和设计意图来采用（图 8.22）。住宅区中的水体特别应该注意两个方面：水的深度和水体边缘的处理。水的深度不宜过深，否则具有危险性，特别是对儿童；不论采用人工化的或自然化的形式，水体的边缘应该经过处理，使其更具有观赏性，同时也应避免发生危险，因为住宅区中一般都有较多的人会去接近水体。

另外，水体的清洁问题也必须考虑，天长日久之后，水体的污染将会破坏整个住宅区的居住环境。

图 8.22a　硬地环境中以观赏为主的水体

图 8.22b 绿地环境中以观赏造景为主的水体

图 8.22c 以造景为主的水体

图 8.22d 可供儿童游戏的水体

图 8.22 住宅区中的水体

除上述的主要方面外，住宅区户外环境中还有一些可以考虑的内容，如石景、亭廊和构架等。这些景观性的地形处理或建筑物，一般不宜单独地安排，如石景一般宜与水体结合，亭廊通常与地形处理和植物种植结合形成景观点，或在户外场地中考虑休息设施时统一布置，构架则通常设于步行通路或场地的入口处。

进一步阅读的材料:

1. 邓述平, 王仲谷. 居住区规划设计资料集. 北京: 中国建筑工业出版社, 1996.3
2. 中华人民共和国国家标准. 城市居住区规划设计规范. GB 50180-93. 北京: 中国建筑工业出版社, 1994.2
3. 上海市建设委员会. 上海居住区建设图集 (1951~1996). 上海: 上海科学技术文献出版社, 1998.1
4. [英] M·盖奇等. 城市硬质景观设计. 北京: 中国建筑工业出版社, 1985.3
5. 白德懋. 居住区规划与环境设计. 北京: 中国建筑工业出版社, 1993.5
6. "居住区详细规划"课题研究组. 居住区规划设计. 北京: 中国建筑工业出版社, 1985,9
7. 同济大学等. 城市园林绿地规划. 北京: 中国建筑工业出版社, 1982.12
8. [日]. 小形研三等. 园林设计——造园意匠论. 北京: 中国建筑工业出版社, 1984,5
9. 现代都市街道景观设计. 台北: 新形象出版事业有限公司, 1993,9

思考的问题:

1. 住宅区绿化的作用。
2. 美化住宅区居住环境的途径。
3. 环境、空间、景观的不同含义。

第九章　　规划指标

　　住宅区规划指标通常分为规划综合技术经济指标和用地指标两大类（包括用地平衡表）。

　　规划综合技术经济指标在国标《城市居住区规划设计规范》中列出的有 33 项，其中又分为必要指标和选用指标（表 9-1）。

表 9-1　　**城市居住区规划设计综合技术经济指标**（国标《城市居住区规划设计规范》）

项　目	计量单位	数值	所占比重（%）	人均面积（平方米/人）
居住区规划总用地	公顷	▲	—	—
1. 居住用地（R）	公顷	▲	100	▲
①住宅用地（R01）	公顷	▲	▲	▲
②公建用地（R02）	公顷	▲	▲	▲
③道路用地（R03）	公顷	▲	▲	▲
④公共绿地（R04）	公顷	▲	▲	▲
2. 其他用地（E）	公顷	▲	—	—
居住户（套）数	户（套）	▲	—	—
居住人数	人	▲	—	—
户均人口	人/户	△	—	—
总建筑面积	万平方米	▲	—	—
1. 居住区用地内建筑总面积	万平方米	▲	100	▲
①住宅建筑面积	万平方米	▲	▲	▲
②公建面积	万平方米	▲	▲	▲
2. 其他建筑面积	万平方米	△	—	—
住宅平均层数	层	▲	—	—
高层住宅比例	%	▲	—	—
中高层住宅比例	%	▲	—	—
人口毛密度	人/公顷	▲	—	—
人口净密度	人/公顷	△	—	—
住宅建筑套密度（毛）	套/公顷	△	—	—
住宅建筑套密度（净）	套/公顷	△	—	—
住宅面积毛密度	万平方米/公顷	▲	—	—

195

续表

项 目	计量单位	数值	所占比重（%）	人均面积（平方米/人）
住宅面积净密度	万平方米/公顷	▲	–	–
（住宅容积率）	–	▲	–	–
居住区建筑面积（毛）密度	万平方米/公顷	△	–	–
（容积率）	–	△	–	–
住宅建筑净密度	%	▲	–	–
总建筑密度	%	△	–	–
绿地率	%	▲	–	–
拆建比	–	△	–	–
土地开发费	万元/公顷	△	–	–
住宅单方综合造价	元/平方米	△	–	–

注：▲必要指标；△选用指标。

用地指标包括用地平衡表与用地配置基本范围两项（表9-2，表9-3）。

表9-2　　　　　　　城市居住区用地平衡表（国标《城市居住区规划设计规范》）

	用 地	面积（公顷）	所占比例（%）	人均面积（平方米/人）
	一、居住区用地（R）	▲	100	▲
1	住宅用地（R01）	▲	▲	▲
2	公建用地（R02）	▲	▲	▲
3	道路用地（R03）	▲	▲	▲
4	公共绿地（R04）	▲	▲	▲
	二、其他用地（E）	△	–	–
	居住区规划总用地	△	–	–

注："▲"为参与居住区用地平衡的项目。

表9-3　　　　　　　　　住宅区用地配置的基本范围（%）

用地构成	居住区	居住小区	居住组团
1.住宅用地（R01）	45~60	55~65	60~75
2.公建用地（R02）	20~32	18~27	6~18
3.道路用地（R03）	8~15	7~13	5~12
4.公共绿地（R04）	7.5~15	5~12	3~8
居住区用地（R）	100	100	100

在上述指标中，根据其在规划设计中所起的作用可以划归为功能指标、建设强度指标、环境指标和其他指标四类进行分析。

第一节 功能指标

住宅区规划的功能指标包括用地配置指标和设施配建指标两类。

住宅区的用地配置情况可反映住宅区功能的特征，通过用地配置也可以把握住宅区整体的居住生活质量，而住宅区各类用地的正确划分及计算是准确反映住宅区用地配置情况的基础。有关住宅区用地配置的基本范围参见表 9-3。

各类用地的划分

住宅区总用地

住宅区的用地界线一般情况下按以下三种情况予以确定：1. 天然障碍的边界，指河流、水面、陡坎等的边界线；2. 人工设施的边界，指围墙、场地边缘和道路的红线或中心线；3. 其他人为划定的界线。

对天然障碍和除道路外的人工设施一般均算至边界，对周围或区内现有的道路用地究竟是按哪种情况来划归要根据道路与该住宅区的关系来确定，可参照居住区的分级标准来进行。当确定居住区的用地界线时，不论是在居住区内还是在居住区外城市级的道路均不计入居住区的总用地中（即算至道路红线）；居住区级及其居住区级以下级道路则全部计入居住区总用地；当确定居住小区的用地界线时，在居住小区外围的居住区级道路计入一半（即算至道路中心线），而在规划的居住小区内部（之间）的居住区级道路则全部计入居住小区总用地，居住小区级及其居住小区以下级的道路也应该全部计入；当确定居住组团用地时，在居住组团外围的居住小区级道路计入一半（即算至道路中心线），而在规划的居住组团内部（之间）的居住小区级道路则全部计入居住组团总用地，居住组团级及其居住组团以下级的道路也应该全部计入。

其他人为划定的界线一般指那些无特殊标识物的界线，如征地线、规划界线等。

住宅建筑用地

住宅建筑用地是指包括住宅基底在内的住宅前后左右必不可少的用地。住宅建筑用地前后的界线一般以日照间距为基础，各按日照间距的二分之一划定计算；住宅建筑左右的界线一般以消防要求为条件，参见第五章"空间"中的"建筑间距"部分。因此，住宅建筑用地实际上是住宅本身的占地加上住宅前后左右的宅间通路、绿地、住户底层的私院和部分或全部的住宅院落用地。

公共服务设施用地

公共服务设施用地一般按其所属用地范围的实际界线来划定。当其有明显的界线时（如围墙等），按其界线计算；当无明显界线时，应按其实际占用的用地计算，包括建筑后退道路红线的用地。

道路用地

道路用地指在住宅区界线内所有道路的红线或路幅界线内的用地，并除去应该计入住宅建筑用地内的宅间通路和公共服务设施，以及市政设施用地范围内的专用道路用地（如有回车场也应该计入道路用地中）。住宅区的道路用地有时也将停车用地（机动车停车）计入在内，称道路停车用地。

停车用地

住宅区的停车用地一般是指机动车停车用地，而且通常计算为停车用地的是在独立地段安排的、较为集中的停车库或停车场用地，但公共服务设施和市政设施的专用停车用地则应该计入公共设施用地。路边停车位、回车场边停车位、住宅底层停车库（位）等一般不计入停车用地而相应地计入道路用地和住宅建筑用地；地下或半地下停车库则按复合土地利用的方法按比例划分计算。

公共绿地

住宅区公共绿地的概念在第八章"户外环境"第一节"绿地"中已经详述，其具体的划定与计算可以参照以下规定：

1. 当院落式组团绿地与建筑相邻时，其划定应按照表 9-4 的规定。当院落式组团绿地与道路相邻时，绿地边界距宅间路、组团路和小区路路边 1 米；当小区路有人行便道时，算到人行便道边；临城市道路、居住区级道路时算到道路红线；距房屋墙脚 1.5 米。

表 9-4　　　　　　　　　　　院落式组团绿地设置与划定规定

封闭型绿地		开敞型绿地	
南侧多层楼	南侧高层楼	南侧多层楼	南侧高层楼
$L \geqslant 1.5L_2$	$L \geqslant 1.5L_2$	$L \geqslant 1.5L_2$	$L \geqslant 1.5L_2$
$L \geqslant 30$ 米	$L \geqslant 50$ 米	$L \geqslant 30$ 米	$L \geqslant 50$ 米
$S_1 \geqslant 800$ 平方米	$S_1 \geqslant 1800$ 平方米	$S_1 \geqslant 500$ 平方米	$S_1 \geqslant 1200$ 平方米
$S_2 \geqslant 1000$ 平方米	$S_2 \geqslant 2000$ 平方米	$S_2 \geqslant 600$ 平方米	$S_2 \geqslant 1400$ 平方米

注：L — 南北两楼正面间距（米）；
L_2 — 当地住宅的标准日照间距（米）；
S_1 — 北侧为多层楼的组团绿地面积（平方米）；
S_2 — 北侧为高层楼的组团绿地面积（平方米）。

2. 其他集中的块状、带状公共绿地面积计算的划定边界同院落式组团绿地面积，沿居住区级道路、城市道路的公共绿地算到红线。

其他用地

住宅区内的其他用地主要包括市政设施用地、非根据该住宅区居住人口配建的公共服务设施用地以及其他在住宅区总用地范围之内但不属于上述五类用地的用地。

住宅区用地划分参见图 9.1 .

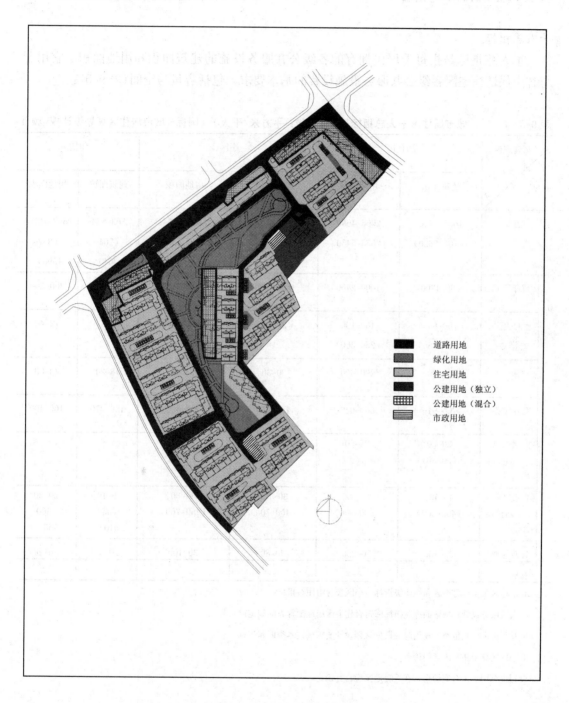

	道路用地
	绿化用地
	住宅用地
	公建用地（独立）
	公建用地（混合）
	市政用地

图 9.1 住宅区用地划分示例

　　住宅区的设施配建指标主要是为了保证居民日常生活的正常与便利，其中包括公共服务设施的千人总指标、分类指标、配建水平和机动车停车位的设置比例。

公共服务设施配建指标

千人总指标

千人总指标是指每千居民拥有的各级公共服务设施的建筑面积和用地面积，它用于总体上保证住宅区各级公共服务设施设置的基本要求，包括容量与空间（表9-5）。

表9-5　　　　城市居住区千人总指标规定（单位：平方米/千人）（国标《城市居住区规划设计规范》）

居住规模 类　别		居住区		小区		组团	
		建筑面积	用地面积	建筑面积	用地面积	建筑面积	用地面积
	总指标	1605~2700 (2165~3620)	2065~4680 (2655~5450)	1176~2102 (1546~2682)	1282~3334 (1682~4084)	363~854 (704~ 1354)	502~1070 (882~ 1590)
其 中	教育	600~1200	1000~2400	600~1200	1000~2400	160~400	300~500
	医疗卫生 (含医院)	60~80 (160~280)	100~190 (260~360)	20~80	40~190	6~20	12~40
	文体	100~200	200~600	20~30	40~60	18~24	40~60
	商业服务	700~910	600~940	450~570	100~600	150~370	100~400
	金融邮电 (含银行、邮 电局)	20~30 (60~80)	25~50	16~22	22~34	—	—
	市政公用 (含自行车存 车处)	40~130 (460~800)	70~300 (500~900)	30~120 (400~700)	50~80 (450~700)	9~10 (350~ 510)	20~30 (400~ 550)
	行政管理	85~150	70~200	40~80	30~100	20~30	30~40
	其他	—	—	—	—	—	—

注：1.居住区级指标含小区和组团级指标，小区级含组团级指标；

2.公共服务设施总用地的控制指标应符合住宅区用地配置表的规定；

3.总指标未含其他类，使用时应根据规划设计要求确定本类面积指标；

4.小区医疗卫生类未含门诊所；

5.市政公用类未含锅炉房，在采暖地区应自行确定。

分类指标

分类指标是指每千居民拥有各类公共服务设施的建筑面积和用地面积，它用于总体上保证住宅区各类公共服务设施设置的基本要求，包括容量与空间（表9-6）。

表 9-6 　　　　　　　　　　　城市居住区分类指标规定（国标《城市居住区规划设计规范》）

设施名称	项目名称	服务内容	设　置　规　定	每处一般规模	
				建筑面积（平方米）	用地面积（平方米）
教育	(1)托儿所	保教小于 3 周岁儿童	(1)设于阳光充足，接近公共绿地，便于家长接送的地段； (2)托儿所每班按 25 座计；幼儿园每班按 30 座计； (3)服务半径不宜大于 300 米；层数不宜高于 3 层； (4)三班和三班以下的托、幼园所，可混合设置，也可附设于其他建筑，但应有独立院落和出入口，四班和四班以上的托、幼园所均应独立设置；	—	4 班：≥1200 6 班：≥1400 8 班：≥1600
	(2)幼儿园	保教学龄前儿童	(5)八班和八班以上的托、幼园所，其用地应分别按每座不小于 7 平方米或 9 平方米计； (6)托、幼建筑宜布置于可挡寒风的建筑物的背风面，但其主要房间应满足冬至日不小于 2 小时的日照标准； (7)活动场地应有不小于 1/2 的活动面积在标准的建筑日照阴影之外。	—	4 班：≥1500 6 班：≥2000 8 班：≥2400
	(3)小学	6~12 周岁儿童入学	(1)应符合现行国家标准《中小学校建筑设计规范》的规定； (2)学生不应穿越城市道路； (3)服务半径不宜大于 500 米； (4)教学楼应满足冬至日不小于 2 小时的日照标准。	—	12 班：≥6000 18 班：≥7000 24 班：≥8000
	(4)中学	12~18 周岁青少年入学	(1)应符合现行国家标准《中小学校建筑设计规范》的规定； (2)在拥有 3 所或 3 所以上中学的居住区或居住地区内，应有一所设置 400 米环行跑道的运动场； (3)服务半径不宜大于 1000 米； (4)教学楼应满足冬至日不小于 2 小时的日照标准。	—	18 班：≥11000 24 班：≥12000 30 班：≥14000
医疗卫生	(5)卫生站	防疫、保健、就近打针	可附设于居（里）委会建筑内。	30	—
	(6)门诊所	儿科、内科、妇幼与老年保健	(1)设于交通便捷，服务距离适中的地段； (2)独立设置； (3)独立地段小区，酌情设门诊所，一般小区不设。	2000~3000	3000~5000

续表

设施名称	项目名称	服务内容	设 置 规 定	每处一般规模	
				建筑面积（平方米）	用地面积（平方米）
医疗卫生	(7)医院	设综合性科室门诊和住院部（200~300床）	(1)宜设于交通方便，环境较安静地段； (2)一般10万人左右应设一所医院、一所门诊，设医院的居住区不再设门诊所； (3)病房楼应满足冬至日不小于2小时的日照标准。	12000~18000	15000~25000
文体	(8)文化活动站	书报阅览、书画、文娱、健身、音乐欣赏、茶座等主要供青少年和老年人活动	(1)宜结合或靠近同级中心绿地安排； (2)独立性组团应设置本站，但一般组团可不设。	150~300	—
	(9)文化活动中心（含青少年、老年活动中心）	小型图书馆、科普知识宣传与教育场所；影视厅、舞厅、游艺厅、球类、棋类活动室；科技活动、各类艺术训练班等	宜结合或靠近同级中心绿地安排	4000~6000	8000~12000
	(10)居民运动场	健身场地	宜设置60~100米直跑道和200米环形跑道及简单的运动设施	—	10000~15000
商业服务	(11)粮油店	粮油及粮油制品	(1)服务半径：居住区不宜大于500米；居住小区不宜大于300米；基层网点（综合副食店、菜店、早点铺等）及自行车存放处，不宜大于150米。 (2)地处山坡地的居住区，其商业服务设施的布点，除满足服务半径的要求外，还应考虑上坡空手，下坡负重的原则	200~300	—
	(12)煤（气）站	煤或罐煤气		150~200	450~600
	(13)菜店	大宗蔬菜、肉、蛋等		150~500	—
	(14)菜市场副食店	鱼、肉、禽、蛋、菜、水产、调味品与熟食品等		1500~2500	—
	(15)食品店	糖、烟、酒、糕点、干鲜果及熟食品等		300~500	—
	(16)综合副食店	含小百货、小日杂等		300~600	—
	(17)早点小吃店	早点、主食与小吃		120~150	—

设施名称	项目名称	服务内容	设 置 规 定	每处一般规模	
				建筑面积（平方米）	用地面积（平方米）
商业服务	(18) 小 饭 铺（含早点、小吃）	早点、主食与快餐		150~300	—
	(19) 饭馆	快餐、炒菜与正餐		500~600	—
	(20) 冷饮乳制品店	冷、热饮及乳品		200~350	—
	(21) 小百货店	日用百货、小五金		400~600	—
	(22) 综合百货商场	日用百货、鞋帽、服装、布匹、五金及家用电器等		2000~3000	—
	(23) 照相馆	照相、冲印		300~500	—
	(24) 服装加工部	服装剪裁加工		200~300	—
	(25) 服装店	男女及儿童服装		100~300	—
	(26) 日杂商店	土产、日杂		200~300	—
	(27) 中西药店	汤药、中成药与西药		200~500	—
	(28) 理发店	理发、烫发	根据服务规模设置对应等级。	100~300	—
	(29) 浴室	含理发部与小吃部		1000~1300	—
	(30) 洗染门市部	含洗染、织补		100~150	—
	(31) 书店	一般图书及科技书刊		300~1000	—
	(32) 弹棉花门市部	弹棉胎		150~200	—
	(33) 自行车修理部	修理自行车		100~150	—
	(34) 综合修理部	除自行车外的其他物品修理		300~500	—
	(35) 旅店	住宿	宜与浴室合设。	1000~1200	1000
	(36) 物资回收站	废旧物品回收	应设于对居民干扰小和便于转运的地段。	60~80	100~200

续表

设施名称	项目名称	服务内容	设 置 规 定	每处一般规模	
				建筑面积（平方米）	用地面积（平方米）
商业服务	(37)综合服务站	公用电话、取牛奶等	宜与居（里）委合设。宜设于组团的出入口附近。	70~100	—
	(38)综合基层店	烟、纸、调料等		50~60	—
	(39)集贸市场	以销售农副产品和小商品为主	(1)宜邻近菜市场（店）和副食店设置；(2)设置方式应根据气候特点与当地传统的集市要求而定。	居住区：1000~1200 小区：500~1000	1500~2000 800~1500
金融邮电	(40)银行	存取业务	宜与商业服务中心结合或邻近设置。	800~1000	400~500
	(41)储蓄所	储蓄为主		100~150	—
	(42)邮电局	信函、包裹、兑汇、电话、电报、报刊订售、储蓄等		1000~2500	600~1500
	(43)邮政所	信函、包裹、兑汇和报刊零售		100~150	—
市政公用	(44)锅炉房	采暖供热	非采暖地区不设。	根据供暖规模定	
	(45)变电室		每个变电室负荷半径不应大于250米；尽可能设于其他建筑内。	30~50	
	(46)开闭所		1.2万~2.0万户设一所；独立设置。	200~300	≥500
	(47)路灯配电室		可与变电室合设于其他建筑内。	20~40	—
	(48)煤气调压站		按每个中低调压站负荷负荷半径500米设置；无管道煤气地区不设。	50	100~120
	(49)高压水泵房		一般为低水压区住宅加压供水附属工程。	40~60	—
	(50)公共厕所		每1000~1500户设一处；宜设于人流集中之处。	30~60	60~100
	(51)垃圾转运站		应采用封闭式设施，力求垃圾存放和转运不外露，当用地规模0.7~1平方公里时设一处，每处面积不应小于100平方米，与周围建筑物的间隔不应小于5米。	—	
	(52)垃圾站		服务半径不应大于70米。	—	
	(53)居民存车处	存放自行车、摩托车	宜设于组团内或靠近组团设置，可与居（里）委合设于组团的入口处。	1~2辆/户；地上0.8~1.2平方米/辆，地下1.5~1.8平方米/辆。	

设施名称	项目名称	服务内容	设 置 规 定	每处一般规模	
				建筑面积（平方米）	用地面积（平方米）
市政公用	(54)居民小汽车停车处	存放居民小汽车、通勤车等	宜设于组团入口处。	各地根据情况而定	
	(55)公共停车场（库）	存放自行车、机动车	宜设于居住区、小区人流集中地段。	—	—
	(56)公交始末站		可根据具体情况设置。	—	—
	(57)出租汽车站		可根据具体情况设置。	100~200	250~1000
	(58)电话总机房	电话总机	可根据具体情况设置。	—	—
	(59)消防站		可根据具体情况设置	—	—
行政管理	(60)街道办事处		3万~5万人设一处。	700~1200	300~500
	(61)派出所	户籍治安管理	3万~5万人设一处；宜有独立院落。	700~1000	600
	(62)居（里）委会		300~700户设一处。	30~50	—
	(63)粮食办公室	粮油票证管理	3万~5万人设一处；可与派出所合设。	75~200	—
	(64)房管所	房屋管理与维修	3万~5万人设一处；应有独立院落。	700~1500	1000~3000
	(65)房管段	房屋管理与维修	2000~4000户设一处。	100~200	250~300
	(66)市政管理机构（所）	供电、供水、雨污水等管理与维修	宜合并设置。	550~900	500~1000
	(67)绿化、环卫管理点	环卫与绿化管理	2000~4000户设一处，宜合并设置。	80~120	150~200
	(68)市场管理用房	集贸市场管理	3万~5万人设一处，可结合集贸市场设置。	100	—
	(69)工商管理及税务（所）	税收管理	1万户左右设一处；可与街道办事处合设。	100	—
	(70)居住区综合管理处	居住区管理和服务	居住区或小区设一处。	200	250
其他	(71)防空地下室	掩蔽体、救护站、指挥所等	在国家确定的一、二类人防重点城市中，凡高层建筑下设满堂人防，另以地面建筑面积2%配建。出入口宜设于交通方便的地段，考虑平战结合。	—	
	(72)街道第三产业	残疾人福利工厂等	交通方便，与居民互不干扰。	各地根据情况而定	

配建水平

配建水平是指住宅区配建的各级和各类公共服务设施应该与住宅区的人口规模相适应，同时应该与住宅同步规划、同步建设、同时投入使用。

住宅区公共服务设施中的商业服务设施项目具有很大的灵活性，根据居民的特征（包括职业、收入、习惯、爱好等）及其需求，根据不同的地方特点，根据设施自身的经营效益，商业服务设施设置的项目会按照市场的变化不断地调整，但供其建设、调整与发展的空间必须予以满足以保证居民的方便使用，这也是我国将公共服务设施配置的指标从千人指标改变为千人总指标和分类指标的主要原因。

千人指标是指每千居民所拥有的各项公共服务设施的建筑面积与用地面积。由于许多公共服务设施在项目的设置上因为上述的各种原因而无法遵照执行，故而用分级的千人总指标和分类的分类指标从总体上控制为居民日常生活各方面服务的公共服务设施的用地面积与建筑面积，以达到满足和方便居民使用的要求。

机动车停车位配建指标

为保证住宅区良好的居住环境，按各种公共服务设施的不同性质和规模应该配建相应数量的公共停车位，表9-7的控制指标为最小的配建数值，有条件的地区宜适当增设。

表9-7　　　　　　　　　　配建公共停车场（库）停车位控制指标

名称	单位	自行车	机动车
公共中心	车位/100 平方米建筑面积	7.5	0.3
商业中心	车位/100 平方米营业面积	7.5	0.3
集贸市场	车位/100 平方米营业面积	7.5	—
饮食店	车位/100 平方米营业面积	3.6	1.7
医院、门诊所	车位/100 平方米建筑面积	1.5	0.2

注：1. 本表机动车停车位以小型汽车为标准当量表示；

　　2. 其他各型车辆停车位的换算办法，应按表9-8相应的换算系数折算。

表9-8　　　　　　　　　　各种型号车辆停车位换算系数

车　　　　　　　型	换算系数
微型客、货汽车机动车三轮车	0.7
卧车、两吨以下货运汽车	1.0
中型客车、面包车、2~4吨货运汽车	2.0
铰接车	3.5

在住宅区规划中，居民私家车停车位的配建也必须给予考虑。根据住宅区的居住对象及其需求，普通标准住宅区居民私家车停车位的配建标准一般为住宅区居住总户数的30%~50%。

第二节　建设强度指标

住宅区在建设强度方面的指标包括容积率、建筑密度、总建筑面积和分类建筑总面积。

容积率体现和控制着住宅区建筑总体的建设总量，它与总建筑面积具有对应关系。容积率的大小根据住宅区所处的区位（地价因素）、住宅建筑的层数（地价、城市整体景观等因素）、居住标准（地价、入住对象等因素）等因素的不同而不同，区位好、层数高、标准低的住宅区一般容积率较高。

建筑密度表现和控制着住宅区总体的敞地率（敞地率=1-建筑密度），它既与容积率（总建筑面积）相关，也与绿地率和其他户外地面设施（如道路、车位、活动场地、公共绿地等）有关，因此，也影响到住宅区的户外环境质量和其他设施的安排。

容积率和建筑密度的概念、计算方法及相互关系已经在第三章"住宅区规划结构"中详述。城市居住区容积率、建筑密度控制指标见表9-9。

表 9-9　城市居住区容积率、建筑密度控制指标表（国标《城市居住区规划设计规范》）

住宅层数	建筑气候区划					
	I、II、VI、VII		III、V		IV	
	建筑密度	容积率	建筑密度	容积率	建筑密度	容积率
	（%）		（%）		（%）	
低层	35	1.10	40	1.20	43	1.30
多层	28	1.70	30	1.80	32	1.90
中高层	25	2.00	28	2.20	30	2.40
高层	20	3.50	20	3.50	22	3.50

注：1.混合层取二者的指标值作为控制指标的上、下限值；

　　2.容积率不计入地下层面积。

分类建筑总面积表达的是住宅区内各类建筑的建筑总量，主要用来将住宅建筑量从其他建筑量中区分出来，审核住宅建筑总量以与居住总人口、总户数、户室比以及户型等牵涉到居住质量的指标或标准相比较。

第三节　环境指标

住宅区在环境质量方面的量化指标主要包括绿地率、人口密度、套密度、人均住宅区用地面积、人均绿地面积、人均公共绿地面积、人均住宅建筑面积、日照间距。

住宅区的绿地率是指所有住宅区绿地面积与住宅区总用地面积的比例。它主要控制和体现着住宅区在生态和绿化方面的状况，同时也反映了住宅区在绿化景观方面的潜力，绿地率在新区建设中不应低于30%，旧区改造时不宜低于25%。绿地率的计算公式为

$$绿地率=总绿地面积/总用地面积（\%）$$

套密度是指住宅区住宅的总套数与住宅区总用地的比例。它在住宅区规划设计阶段较人口密度和人均住宅建筑面积能更真实的反映建成后住宅区在人口容量方面对居住环境质量的影响。由于与住宅区总人口相关的家庭人口及人均居住水平（人均居住面积和人均住宅建筑面积）等因素越来越具有可变性，使得按照户均人口和人均住宅建筑面积或人均居住面积来推算住宅区今后的居住总人口的方法也越来越不符合实际情况。套密度的计算公式为

$$套密度=住宅区住宅总套数/住宅区总用地面积（套/公顷）$$

人口密度与人均住宅区用地面积是两个相关的指标，从概念上讲，人口密度是指每公顷住宅区用地上居住有多少居民（单位：人/公顷），而人均住宅区用地面积则指住宅区的每个居民占用了多少平方米的住宅区用地（单位：平方米/人），二者虽然概念不同但分别从人口与用地的角度都反映了居住环境的质量。

人均绿地面积是住宅区绿地总面积与住宅区总人口之比（单位：平方米/人），人均公共绿地是住宅区公共绿地总面积与住宅区总人口之比（单位：平方米/人），居住区内公共绿地的总指标，应根据居住人口规模分别达到：组团不少于0.5平方米/人，小区（含组团）不少于1平方米/人，居住区（含小区与组团）不少于1.5平方米/人。虽然绿地率可以反映住宅区总体的绿化状况，但人均绿地面积反映的则是绿地的使用强度情况。同样，公共绿地比例指标虽然也反映了住宅区中可以用作居民直接使用的单独绿化用地在整个住宅区用地中的比例，但其实际的使用强度状况则需要由人均公共绿地来反映。

人均住宅建筑面积是反映住宅区内部居住环境的主要指标。日照间距控制着住宅建筑的建筑密度。

有关人口密度和日照间距的概念与计算方法可分别参见第三章"住宅区规划结构"和第五章"空间"。

第四节　其他指标

除上述指标外，住宅区还有一些必须的指标如房型、户室比、多低高层比例、住宅平均层数、总人口、总户数等，它们分别反映了住宅区的不同特征。多低高层比例和住

宅平均层数反映了住宅区空间形态与景观方面的特征，总人口和总户数反映了住宅区的规模，户室比和房型则反映了住宅区的标准、家庭结构和居民结构。

房型或称户型是指一套住房建筑面积的大小和居室的数量，如两房一厅、85 平方米，三房两厅两卫、100 平方米等，它反映了户内居住环境质量的基本标准。

户室比是指住宅区内各种不同户型的比例。户室比往往依据入住对象的总体家庭结构构成和住房标准构成予以综合确定。

户室比和房型还与居民的收入、职业、文化背景、生活习惯和审美标准等相关，是居民择居考虑的基本要素。

多低高层比例是指各类层数住宅的总建筑面积与总住宅建筑面积各自的比例。住宅平均层数是指总住宅建筑面积与总住宅建筑基底面积的比例。

住宅区规划设计指标采用量化的形式来反映、控制、比较与评价住宅区各个方面的状况或特征，易于操作。它不仅在上述方面体现出它的重要性与意义，同时它还与宅区规划的目标定位、规划设计概念等总体思路紧密相关。

进一步阅读的材料：

1. 中华人民共和国国家标准. 城市居住区规划设计规范. GB 50180-93. 北京：中国建筑工业出版社，1994.2
2. 同济大学. 城市规划原理. 北京：中国建筑工业出版社，1991.11

思考的问题：

1. 住宅区规划设计指标的作用。
2. 划分住宅区各类用地界线的一般规定。
3. 居住环境质量与住宅区规划设计指标的关系。

参 考 文 献

1. 同济大学. 城市规划原理. 北京: 中国建筑工业出版社, 1991.11
2. 邓述平, 王仲谷. 居住区规划设计资料集. 北京: 中国建筑工业出版社, 1996.3
3. 王仲谷, 李锡然. 居住区详细规划. 北京: 中国建筑工业出版社, 1984.6
4. 中华人民共和国国家标准. 城市居住区规划设计规范. GB 50180-93. 北京: 中国建筑工业出版社, 1994.2
5. 李哲之等. 国外住宅区规划实例. 北京: 中国建筑工业出版社, 1981.10
6. '96 上海住宅设计国际交流活动组委会. 上海住宅设计国际竞赛获奖作品集. 北京: 中国建筑工业出版社, 1997.3
7. 同济大学建筑与城市规划学院. 四十五年精粹——同济大学城市规划专业教师专业作品集. 北京: 中国建筑工业出版社, 1997.5
8. 建筑部科学技术司. 中国小康住宅示范工程集萃. 北京: 中国建筑工业出版社, 1997.2
9. 中国城市住宅小区建设试点丛书编委会. 中国城市住宅小区建设试点丛书——规划设计篇 1. 北京: 中国建筑工业出版社, 1994.7
10. 朱建达. 当代国内外住宅区规划实例选编. 北京: 中国建筑工业出版社, 1996.1
11. 上海市建设委员会. 上海居住区建设图集 (1951~1996). 上海: 上海科学技术文献出版社, 1998.1
12. 夏祖华. 城市空间设计. 南京: 东南大学出版社, 1992, 8
13. [英] W·鲍尔. 城市的发展过程. 北京: 中国建筑工业出版社, 1981.4
14. [丹麦] 杨·盖尔. 交往与空间. 北京: 中国建筑工业出版社, 1992.1
15. [英] M·盖奇等. 城市硬质景观设计. 北京: 中国建筑工业出版社, 1985.3
16. [美] 弗兰克·戈布尔. 第三思潮: 马斯洛心理学. 上海: 上海译文出版社, 1987.2
17. Clare Cooper Marcus and Wendy Sarkissian. HOUSING AS IF PEOPLE MATTERED. Berkeley: University of California Press, 1986
18. Sally B. Woodbridge. GOOD NEIGHBORS: AFFORDABLE FAMILY HOUSING. Melbourne: The Images Publishing Group Pty Ltd, 1995
19. Thomas C. Hazlett. LAND FORM DESIGNS. Mesa, Arizona: PDA Publishers, 1988
20. 日本建筑学会. 建筑设计资料集成 6. 东京: 丸善株式会社, 1979

后 记

三年助教和辅讲，八年主讲，数算起来，跟从我的研究生导师邓述平教授讲授"城市规划原理"已有十一年整。期间，学生们对此课的认真和投入促使我不断地寻找能够充实我自己的东西。逐渐地，我觉得学生应该有一些课外自己能够阅读的书籍，让他们自己去理解、去思考、去发现，既是一种能力的训练，也是一种知识的扩充。因此，两年前萌发了编写这样一本书的想法。在编写准备期间，又阅读了大量有关的书籍，吸取了一些很好的观点，选用了许多书中的材料，使本书更为全面。在编写过程中，朱锡金教授给我一个参加国家 95 重大科技工程——"2000 年小康型城乡住宅科技产业工程——城市居住区规划设计导则研究"科研课题的机会。在课题的进行过程中，专家学者间的交流对我启发颇深，一些课题研究的基础内容也被融入在本书的部分章节中，从而使得本书对我国当前和将来一段时间内的城市住宅区规划设计具有一定的适应性。

作为一本教材，本书的编写力求概念清晰、重点突出、分析论述简洁易懂，对基本的知识和要求作完整的论述，对一些新的观点和探索也作了开放性的介绍，注重采用图文并重的形式给读者以自我思考、评价和发展的空间。同时，每章末列出了一些建议的参考书目供读者进一步学习和研究。

本书选用了一些公开出版物和内部参考资料中的材料。在本书的"参考文献"中列出了这些公开出版物的书目，内部参考资料有毛梓尧等翻译、全国城市住宅设计研究网编的《住宅群设计》和同济大学建筑系编的《国外居住区图集》。

本书最终成稿，要感谢郑正教授在十年前把我推到这门课的主讲位置以及对我的积极鼓励，要感谢我的导师邓述平教授对我多年的教导和帮助。在本书编写过程中，我的研究生张恺对全部图文进行了核对与调整并制作了部分图纸，张迪昊和殷翔负责了大部分图纸的制作和文字的修改工作，由于他们在近三个月中全力的工作，使本书今天得以出版。

周 俭

1999 年 4 月 29 日于同济大学